나도
수학 불안?

마음이 불안하면
실력도 불안하다

나도 수학 불안?

: 마음이 불안하면 실력도 불안하다

초판 2쇄 발행 2024년 6월 5일

지은이 배부경   **그린이** 하루치
펴낸이 정혜숙   **펴낸곳** 마음이음

책임편집 이금정   **디자인** 디자인서가
등록 2016년 4월 5일(제2016-000005호)
주소 03925 서울시 마포구 월드컵북로 402, 9층 917A호(상암동 KGIT센터)
전화 070-7570-8869   **팩스** 0505-333-8869
전자우편 ieum2016@hanmail.net
블로그 https://blog.naver.com/ieum2018

ISBN 979-11-92183-63-3 43410
       979-11-960132-5-7 (세트)

ⓒ배부경, 하루치 2023
이 책의 내용은 저작권법의 보호를 받는 저작물이므로 무단전재와 복제를 금합니다.
책값은 뒤표지에 있습니다.

나도 수학 불안?

마음이 불안하면
실력도 불안하다

배부경 지음 ✕ 하루치 그림

마음이음

이 땅에서 수학을 가르치면서 항상 생각이 복잡했다.

처음 수학을 가르칠 때는 그저 내가 가르쳐야 하는 교과목으로만 생각했다. 수학 개념과 원리가 아이들에게 전해지기 위해서 내가 무엇을 해야 하는가를 중심으로 고민했었다. 그런데 아이들을 만나면서 금방 다른 생각이 들었다.

내가 가르치는 수학은 올바른 교육인가?

많은 교육학자나 철학자가 생각하듯이 나도 인간의 이성을 훈련시키고 발전시키는 데 수학만한 게 없다고 생각한다. 그러니까 이성적이고 합리적인 사고력을 키우는 데는 수학이 최고라고 생각한다. 그러나 '과연 내가 교단에서 가르치는 이 수학이 학생들의 합리적인 사고력을 키우고 있는가?'라는 질문에 당당하게 그렇다고 말할 수 있는 수학 교사가 얼마나 있을까?

너무도 많은 수포자를 만난다. 우리나라 학생들의 수학에 대한 흥미도는 성취도에 비해 너무나도 낮다. 아이들은 수학을 싫어하다 못해 무서워한다.

내가 생각하는 수학, 내가 좋아하는 수학, 내가 가르쳐야만 하는 수학이 모두 달랐고 거기에 학생들이 느끼는 수학, 학부모님들이 바라는 수학, 교육부에서 요구하는 수학 또한 달랐다.

가르치는 경험이 쌓이면서 그 상충하는 수학들 사이에 내 나름대로 길을 찾기는 했지만 항상 아쉬움이 남았다. 무엇보다도 대학 입시 같은 현실적인 이유로 교단에서 내가 할 수 있는 일은 무척 한정적이었다.

이 책에서 그런 나의 오래 묵은 갈등과 고민을 조금 풀어놨다.

내가 바라보는 수학과 학교 수학, 학생들이 어려워하는 수학, 그리고 사회에서 요구하는 수학이 어떻게 다른지 또 어떻게 연결되는지를 어떻게든 설명해 보려고 무척 애를 썼다. 오래 품은 생각들인데도 다른 사람이 읽기 좋게, 재밌게 다듬는 길은 생각보다도 꽤 지난한 여정이었다.

그래도, 학생들에게 일방적으로 "이렇게 수학이 좋은 거니까 그냥 공부해!"라고 강요하는 게 아니라 "많이 힘들었지? 수학이 좀 어렵네. 그건 네 탓이 아니니 자책할 필요 없어." 이런 위로를 건네는 책이었으면 했다. 물론 거기서 끝나고 수학에 등 돌리자는 게 아니라 "하지만 수학에게도 사정이 있긴 해. 좀 들어 보겠니?" 같은 변명도 붙였다. 많이 부족한 것 같지만 그래도 내가 할 수 있는 한 최선을 다했다.

또 이 책에 등장하는 수학이 학생들이 평상시에 접할 수 없는 생소한 수학이 아니길 바랐다. 생소해서 신기하기는 하지만 평생 몰라도 될 것 같은 그런 수학이 아니라 아이들이 매일 문제집에서 만나는 수학이었으면 했다. 만날 만나서 잘 알고 있다고 생각했지만, 전혀 다른 모습이 있는 친구 같은 수학을 알려 주고 싶었다.

아쉬움이 없는 것은 아니지만 첫 시도를 해볼 수 있어서 행복했다. 이런 기회를 연결해 주신 한정혜 선생님과 원고를 계속 지지해 주셨던 마음이음출판사 이금정 편집자님께 깊은 감사를 드린다. 그리고 내가 수학을 조금이라도 다른 책과 달리 설명할 수 있었다면 그건 나의 모교인 이화가 제공한 훌륭한 도서관과 학문 공동체 덕

분이다. 무엇보다도 마누라의 책 작업을 물심양면으로 지지해 주고 기다려 준 남편에게도 항상 사랑하는 마음을 전한다.

마지막으로 덧붙일 이야기는, 이 책에 등장하는 인물의 이름은 에피소드 자체에서 따왔을 뿐 특정 인물의 이야기는 아니다. 모든 에피소드는 너무나도 자주 있었던 일들을 뭉뚱그려서 각색했고 특별한 한 사건으로 인물이 특정될 만한 에피소드는 다 걸렀다. 그래서 특정 인물과는 관계가 없다.

모쪼록 이 책이 여러분의 수학 불안을 다독이는 위로가 되기를.

배부경

차례

PART 4.

쉬운 길은 없지만 넓은 길은 있다

PART 5. 수학 시험만 보면 배가 아파요

PART

1.

쌤이 싫은 게 아니라
수학이 싫어요

수학 교사로서 수학과 나를 분리하는 게 나한테는 불가능한 일인데도, 나는 "선생님이 싫은 게 아니라 수학이 싫어요."라는 말을 들으면 이제는 그냥 빙긋 웃고 만다. 조금 서글프지만 재잘재잘 떠들고 웃는 아이들의 얼굴을 보면서 내 안에 있는 말들을 삼킨다. 왜냐하면 나의 변명은 너무 길다. 그리고 무엇보다 너희가 왜 그렇게 수학을 싫어하는지 안다. 그게 수학의 전부도 아니고 너희 잘못도 아닌데…….

사실 여기서 끝나는 이야기면 좋겠다.
하지만 학교 밖으로 벗어나도 이 이야기는 끝나지 않는다.

미용실에서 '저는 머리하고 꾸미는 게
너무 싫어요.'라고 당당하게 말하기는
참 어려운데….
수학을 싫어한다고 말하는 건
하나도 안 어렵다.

1. 원래 고전은 어려워!

안녕! 혹시 고전 좋아하니? 재미없고 지루할 것 같다고?

어쩌지? 나도 고전이거든. 반가워! 내 이름은 수학이야.

고전 중의 고전, 수학

☑ 아리스토텔레스는 수학사에 없다

클래식 음악을 들으면서 고개를 끄덕이며 "역시 이거지!" 하는 사람이 얼마나 될까? 고전은 훌륭하고 좋은 거지만 지루하고 어렵다는 생각이 들기 쉽다. 지금의 감성하고는 다르니까. 현대에 적용되는 훌륭한 부분이 있어 긴 시간이 지나도 살아남았지만 그럼에도 불구하고 그 내용이 곧바로 우리 마음을 울리기는 어렵다.

그런데 하필 수학은 고전이다.

수학은 오래됐다. 진짜 정말로 아주 매우 오래됐다.
보통 몇천 년 전의 것들은 그냥 그런 게 있다고 배우고 지나가기 마련인데
수학은 안 그렇다. 그때 풀던 문제를 지금도 푼다.

인류에게는 학문이란 게 있다. 사람은 배워야 사람답게 살고 그렇게 학문은 인류를 존속하게 한다. 이 학문이란 것의 시작은 어디일까?

지금 각각의 학문들에게 "당신들의 시작은 어디요?" 하고 질문을 던진다고 해 보자. 긴 역사를 뽐내는 학문이라면 대부분 소크라테스, 플라톤, 아리스토텔레스를 데려올 것이다. 그 내용이 비교적 명확하게 남아 서양 학문의 토대가 된 내용이라면 고대 그리스를 보통 시초로 잡는다.

그런데 그 시초란 내용은 보통 이렇다.

'이런 걸 연구해 볼까?' 하고 아리스토텔레스가 탐구한다. 철학뿐만

이 아니라 생물학, 물리학, 사회학 등등의 대학교에서 쓰는 교과서를 보면 '아리스토텔레스가 이런 걸 해 봤어.'로 시작한다. '하지만 그 내용 자체는 학문의 관점에서 무의미하다. 다만 이걸 진짜 관찰하고 연구의 대상으로 삼았다는 데 그 의의가 있다.' 보통 이게 1절이다.

그런데 기하학적인 측면에서 보자면 이미 그 시절에 수학이란 녀석은 거의 완성형이었다. 적어도 학교에서 가르치는 교과로서의 수학에만 한정하면 정말 그렇다.

학문의 탄생과 성장을 사람에 비유하자면 고대 그리스 시기의 다른 대부분의 학문은 '난자와 정자가 있다.' 정도다. 아직 수정란조차 생기지 않았다. 그렇다면 수학은? 수학은 그 옛날에도 초등학생쯤은 된다.

☑ 고대 그리스의 학문을 지금도 배운다고?

플라톤의 저서 중 소크라테스의 문답법으로 알려진 대화 내용에는 소크라테스가 노예 소년에게 길이와 넓이에 대한 기하학을 가르치는 장면이 나온다. 거기에 제시된 내용들은 지금도 초등학교 수학과 중학교 수학에서 배우는 내용들이다. 소크라테스 이후 여전히 고대 그리스 문명이라고 할 수 있는 시기에 「유클리드 원론」✦도 나온다. 사실 「유클리드 원론」이야말로 이 끔찍함의 근원이다.

> ✦ 기원전 3세기, 유클리드가 집필한 13권의 수학서. 기하학원론이라고도 불린다.

우리나라 중학교 수학에서 배우는 기하학의 대부분이 이 「유클리드 원론」을 벗어나지 않는다. 몇천 년 전, 그러니까 기원전 고대의 그 오래된 고전을 현대의 우리나라 학교에서 이렇게 열심히 다루는 건 딱 기하학밖에 없다. 물론 사용하는 표현은 현대 수학의 영향을 받아 많은 부분이 변했다. 하지만 기초 도형을 점, 선, 면으로 잡고 삼각형이나 사각형의 각과 길이의 비율과 그 성질을 탐구하는 내용은 같다.

☑ 미적분은 최신 학문일까?

기하학이 아닌 다른 학문은 어떨까? 미적분을 놓고 살펴보면 고등학교에서 다루는 내용은 1600년대 뉴턴 시절에 비해 딱히 더 어려운 게 아니다. 기호나 표현은 좀 더 수학의 체계에 맞게 변했지만 다루는 내용은 오히려 더 깔끔하고 계산하기 쉽게 다듬어졌다. 한마디로 뉴턴이 하던 미적분보다 지금 고등학교에서 배우는 미적분이 더 쉽다!

어쨌거나 뉴턴 역학의 다른 이름이 고전 역학이라는 점에서 수학이란 교과는 역시 고전이 맞다.

그러면 오래되지 않은 수학 내용은 어떤 게 있을까? 학교에서 배우는 수학에서 가장 최신 내용 중 하나는 놀랍게도 집합이다. 정규 교육과정에서 행렬 등이 빠지면서 현대 수학을 가장 깊이 있게 다루는 건 그나마 집합 정도다. ✦

✦ 반갑게도 2025년부터 공통수학(고등학교 1학년 과정)에 행렬이 다시 추가된다고 한다.

어째서 교과로서 수학은 끊임없이 고전으로 회귀하는 것 같다. 이렇게 오래된 고전을 배우니 왠지 수학은 현실과 거리가 멀고 어렵고 힘든 무언가가 되기 쉽다. 고전을 재밌게 배우려면 분명 현대적인 재해석이 필요한데 우리 아이들에게 수학은 충분히 현대적으로 해석된 고전일까? 아니면 원본의 아름다움을 해치면 안 된다고 이토록 어렵고 고통스러운 고전을 강요하고 있는 건 아닐까? 어느새 수학을 가르치는 나도 배우는 아이들만큼이나 불안하다.

밥 먹고 수학만 해요?

수학이 오래되어 고전이라는 점에서 벌써 장벽이 한참 높게 세워진 것 같은데 슬프게도 여기서 끝이 아니다. 수학은 오래된 만큼 역사도 길어 기록이 많이 남아 있다. 그런데 그 기록이라는 게 참 그렇다.

"넌 이런 거 못 풀지? 나 좀 천재인 듯"

아마도 스스로 머리가 좀 좋다고 생각하는 사람들이 자만심에 차서 만든 문제들이 남아 있다. 「유클리드 원론」이 쓰였던 고대 그리스에서 나온 문제만 있는 게 아니다. 심지어 동서 양을 막론하고 남아 있다. 어디 비석에도, 오래된 파피루스에도, 『구장산술』✦ 같은 책에도 있다.

✦ 우리나라, 일본, 베트남 등 동양 수학에 큰 영향을 미친 중국의 고대 수학서

몇천 년이라는 길고 긴 세월 동안 수많은 사람들이 '이건 쉽게 못 맞힐걸?' 하는 심보로 만든 문제들이 켜켜이 쌓여 있다.

수학 선생님으로서 가장 힘든 것 중 하나가 계속 문제를 풀어야 한다는 점이다. 나도 그렇지만 퇴근하고 문제집을 끼고 사는 동료들이 많다. 같은 내용을 10년 넘게 가르치면 더는 새롭지 않아도 될 거 같은데 새로운 문제는 끊임없이 나온다. 새로운 문제를 계속해서 연구하고 만드는 사람도 있지만 고전을 뒤져도 끊임없이 생소한 문제가 쏟아져 나온다. 사실 어려운 문제를 만드는 많은 수학 교사들은 절판된 문제집을 고이 모셔 놓고 뒤적거린다.

여기서 발생하는 당연한 문제가 있다. 수학적인 내용은 그렇게 한 번에 발전하지 않는다. 그런데 문제는 계속 새로 만들어진다. 내용은 한정되어 있는데 계속 문제만 쌓이면 어떻게 될까?

문제가 자꾸 꼬이고 이상해진다. 자고로 시험 범위가 좁을수록 문제는 꼬이고 어려워지는데 수학은 2000년이 넘는 긴 세월 동안 그런 문제가 쌓여 있는 거다. 그러니 분명 내용은 알 것 같았는데 문제만 마주하면 '이게 뭐야?' 싶은 게 튀어나온다.

상담을 하다 보면 "개념은 알겠는데 응용을 못 하겠어요.", "응용문제가 안 풀려요." 이런 이야기를 징그럽게 많이 듣는다. 그런데 그런 문제들의 일부는 그냥 애초에 풀지 말라고 만든 문제다.

그러다 보니 개념을 아는 것과 별개로 문제 유형도 익혀야 한다. 수학 점수를 올리기 위해서는 문제 유형을 익히는 건 필수다. 그래서 그렇게 유형별로 나눠 잘 정리한 문제집은 대히트를 쳤고, 여전히 엄청나게 잘 팔리고 있으며 유사한 문제집도 많이 나왔다. 그런데 문제는 매년 신유형이라는 게 등장한다는 거다.

어디선가 누군가는 정말 밥 먹고 종일 새로운 수학 문제만 생각하는 것 같겠지만 사실이다. 아니 밥 먹으면서도 온종일 수학 문제만 생각하는 사람이 있다. 그리고 시험 출제 기간에는 나도 그런다.

그리고 앞서 말했듯이 그런 사람들의 결과물들이 오랜 세월에 걸쳐 쌓여 있다. 그러니 평범한 사람 혹은 수학을 잘하는 사람조차도 그 모든 유형을 완벽하게 숙지해서 모두 풀어낸다는 건 환상이다. 잘못된 믿음이다. 적어도 나는 그렇게 생각한다.

수학 문제를 풀다가 '이걸 어떻게 맞히라는 거야?'라는 생각이 들었다면? 괜찮다. 지극히 정상이다.

2. 누가 그래?
개념만 알면
다 된다고!

수학은 개념만 정확하게 이해하면 끝나는 거 아닌가?
천만의 말씀! 개념을 정확하게 아는 게 제일 어려운 거야!

만질 수 없는 수학

"수학은 개념만 정확하게 이해하면 끝나는 거 아니야?"

와! 정말 싫다.

나는 저 말이 진짜 싫다.

가끔 드물게 수학을 좋아한다는 사람을 만나기도 한다. 그러나 자신만만하게 수학에 대해 저렇게 평하는 말을 듣고 나면 아무리 참으려고 해도 그 사람을 한심하게 쳐다보는 나 자신을 말릴 수가 없다. 반박하는 말을 하나씩 머릿속으로 꼽아 보면 너무 길어 분명 나만 이상한 사람이 되기 마련이다. 그래서 그저 삐딱한 표정으로 딱 한마디만 한다.

"개념을 정확하게 아는 게 제일 어려운 거야."

그냥 하는 말이 아니다. 개념을 제대로 아는 건 정말로 어려운 일이다. 무개념이니, 개념 있는 행동을 말할 때의 그 '개념' 이야기가 아니다. 수학적인 개념들은 원래 정말로 어렵다.

식빵 한 조각을 들고 있다고 생각해 보자. 하얀 속살이 보드랍고 쫄깃하고 폭신할 것이고, 테두리에서는 고소하게 누른 향이 날 것이다.

식빵 한 봉지의 가격에 비례한 식빵 한 조각의 가격이나 칼로리 같은 숫자보다 내 손에 있는 빵의 감촉과 무게가 훨씬 강렬하고 쉽다. 사람에게 더 쉬운 것은 바로 느껴지는 감각이다.

수학은 고도로 일반화되고 추상화된 관념적인 개념을 다루는 일인

만큼 일상에서 멀고 힘들며 그래서 어렵다.

어쩌면 수학은 인간만의 초능력

우리는 어쩌다가 추상적이고 일반적이어서 어려운 수학적 개념을 배우고 다루게 되었을까?

나는 저 질문의 납을 찾다가 의외의 질문들을 만났다. '수학적 개념을 왜 다루게 되었느냐'는 질문은 '인간은 왜 추상적인 개념을 다루는가'로 이어지고 그래서 다음과 같은 질문까지 연결된다.

- 사람은 어떻게 새로운 개념을 배울까?
- 학습은 어떻게 이루어지는가?

이런 질문들은 사실 상당히 오래 묵었다. 그래서 다양한 대답이 있지만 어떠한 설명도 충분히 학습을 설명하지 못한다. 어쨌든 이런 질문을 해결하기 위한 노력들을 살펴보면 수학적 개념을 배운다는 건 꽤 어려운 일이라는 걸 알 수 있다.

피아제는 사람의 인지가 어떻게 발달하는지 단계를 나눠 설명함으로써 인지 발달을 심리학적으로 처음 정립했다. 피아제의 이론을 조금 들여다보자.

피아제의 인지 발달 과정에서 처음에 아이는 실재하는 사물을 만지작거리면서 인지 능력을 계발한다. 그리고 아이가 커 가면서 인지 능력이 도달하는 최종 단계가 만질 수 없는 '추상적 대상'을 논리적인 사고로 조작하는 것이다. 구체적인 사물이 아니라 수나 도형같이 일반화된 특성을 나타내는 추상적 개념을 다루는 것은 인간의 인지 능력 가운데 가장 늦게 발달하고 가장 얻기 어려운 능력이다.

추상적인 사고를 가장 어려운 능력으로 보는 피아제의 이론은 새롭거나 신선한 이야기는 아니다.

소크라테스가 노예 소년에게 기하학을 가르친 이유는 배움이 부족한 노예 소년도 이렇게 고등한 사고력이 있다는 걸 증명하기 위해서다.

기하학이야말로 인간이 해낼 수 있는 가장 고등한 정신 능력이라고
본 것이다.

칸트는『순수이성비판』에서 '순수이성'이 있다는 증명으로 수학을 써
먹는다. 많은 철학자들과 교육학자들이 수학적인 능력을 특별한 사고
능력, 논리적인 사고 능력, 즉 고차원적인 사고의 증거로 간주한다.

그러니까 수학적 사고 능력이야말로 오랜 세월에 걸쳐서 공인된 가
장 어려운 사고 능력이란 것이다.

수학을 잘한다는 것은 그만큼 어려운 논리와 추론적인 사고를 정
확하게 해낼 수 있다는 걸 의미한다. 그걸 잘하는 사람은 다른 학문도
잘할 가능성이 훨씬 크다. 그러니까 각종 시험에 수학적 능력이 빠지
지 않고 측정되는 것이다.

**만질 수 없는 추상적인 대상을 다루는 수학은 어쩌면 훈련으로 얻을 수
있는 인간만의 초능력이다.**

정말 그 개념을 아니?

여기서 하나 더 꼭 짚고 넘어가고 싶은 것은, 이런 논의에서 '추상적
인 개념을 안다'는 것은 '추상적인 개념을 다룰 줄 안다'를 가정한다.
그 말은 개념을 어떻게 써먹어야 하는지 안다는 이야기다. 단순히 용
어가 뜻하는 걸 대강 말할 수 있는 정도로는 어림도 없다. 그건 개념
을 아는 게 아니다.

중학교에서 주로 다루는 평면도형인 '마름모'를 살펴보자.

모름이는 마름모를 대충 '이렇게 다이아몬드 꼴로 생긴 사각형'이라고 생각한다.

수학을 잘하는 아름이에게 마름모는 '네 변의 길이가 같은 사각형'이다. 그래서 두 대각선은 서로 직교하며 두 쌍의 대변은 서로 평행하고 마주 보는 대각끼리 크기도 같다. 그래서 마름모를 다이아몬드 꼴로 세워 놓지 않아도 마름모인 것을 안다.

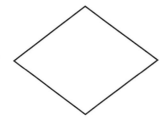

마름모란, 이렇게 다이아몬드 꼴로 생긴 사각형이야~.

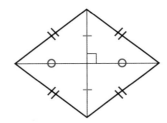

아니아니, 그건 마름모를 제대로 아는 게 아니야~.

모름이는 스스로 마름모를 안다고 생각하지만 아름이가 볼 때 모름이는 마름모를 모른다.

개념을 부르는 이름만 대충 아는 것은 개념을 아는 것이 아니다. 개념을 정확하게 안다는 것은 그 개념이 어떻게 쓰이고, 쓰여야 하고, 어디에 적용되면 안 되는지까지 모두 아는 것이다. 또한 그 개념이 다른 개념들과 어떻게 연결되는지 그 관계까지 정확하게 아는 것이다.

"수학은 개념만 이해하면 끝나는 거 아니야?"

나는 누군가가 수학적 개념을 단번에 깨우칠 수 있는 것처럼 말할 때 불안하다.

이 말 뒤에 숨은 수학적 직관에 대한 자만심이 무섭다. 그 사람에게는 '아하! 그렇구나!' 하는 순간만으로 수학이 이루어졌을지도 모른다. 그 말을 듣는 대부분의 학생이 혹여나 '이번에도 이해가 안 돼! 나는 역시 수학이 안 되나 봐.'라면서 앞으로도 수학을 영영 다룰 수 없는 괴물 같은 존재로 볼 것 같아 불안하다.

'수학적 개념'을 정확하게 아는 것은 수학의 '근본'일 수는 있어도 '기초'가 될 수는 없다.

비슷한 단어인데 무슨 차이냐고? 그러니까 개념을 아는 게 '시작이자 끝!'이라는 거다. 수학적인 개념을 한 번 읽었다고 관련 문제를 전부 풀 수 있을 만큼 그 개념이 짜잔 하고 이해되는 게 아니다. 문제를 좀 풀고 나서 다시 개념을 고민하는 시간이 필요하다. 예를 들어, 마름모의 뜻이 '네 변의 길이가 같은 사각형'이고 그래서 어떤 성질이 생기는지를 정확히 설명할 수 있어야 한다. 그래야 마름모라는 개념을 아는 것이다.

많은 사람들의 믿음과 다르게 개념을 공부한 다음 문제를 푸는 것이 아니라, 문제를 풀고 나서도 정확한 수학적 개념을 다시 점검해야 한다. 문제라는 것은 어디까지나 수학적 개념을 익히고 다루는 수단이다. 문제가 목적이 아니고 개념이 목적이다. 그러니까 내가 목적에 맞는 공부를 하고 있는지 계속해서 다시 점검해야 한다.

'나는 왜 수학이 어렵고 이해가 안 갈까?'

괜찮다. 그럴 수 있다.

그냥 다시 해 보면 된다.

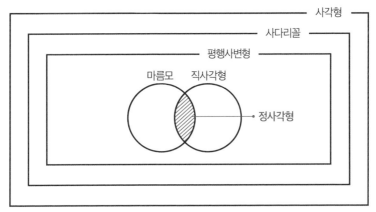

▲ 사각형의 포함 관계

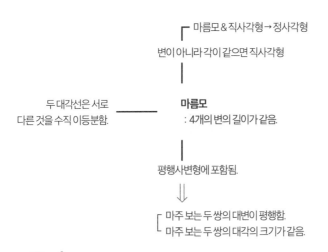

┌ 마름모&직사각형→정사각형

변이 아니라 각이 같으면 직사각형

두 대각선은 서로 ────── **마름모**
다른 것을 수직 이등분함. : 4개의 변의 길이가 같음.

평행사변형에 포함됨.

┌ 마주 보는 두 쌍의 대변이 평행함.
└ 마주 보는 두 쌍의 대각의 크기가 같음.

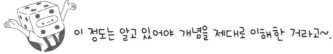

이 정도는 알고 있어야 개념을 제대로 이해한 거라고~.

나는 개념으로 문제를 풀려고 했는가? 아니면 문제를 풀어서

개념을 익히려고 했는가?

3. 반복 훈련은 누구에게나 고통스럽다

공부를 하는 그 순간은 어렵고 답답하고 힘들겠지만
그런 시간들이 모여서 너희를 날게 해 줄 거야. 나랑 같이 날자.

못난 학원 강사의 고백

부끄럽지만 고백할 게 있다. 학원이나 과외 같은 사교육 시장에서 수업할 때 나는 항상 불안하고 고통스러웠다.

학원에 처음 고용되면 보통은 이미 교재가 정해져 있다. 교재를 마음대로 정하려면 따르는 학생 한 무리 정도는 학원에 끌고 올 수 있어야 한다. 갓 들어온 막내 강사에게 교재 결정권 같은 건 없다. 그래서 학생들을 만나 보면 내가 볼 때 학생들에게 필요한 것보다 더 어렵고 문제가 많은 교재가 두 권 정도 배정되어 있다.

그러니까 이 아이들이 충분히 먹고 자고 휴식을 취하고 영어 같은 다른 과목도 공부하면서 정상적인 수준에서 최선을 다해 수학을 풀 수 있는 양을 100%로 잡았을 때, 내가 학원에서 아이들에게 풀려야 하는 문제의 양은 240% 정도 되어 보였다.

이제 왜 내가 240%같이 묘하게 구체적인 숫자를 말하는지 한번 살펴보자.

어떤 분야나 마찬가지지만 실력이 늘려면 할 수 있는 것보다 조금 어려운 과제를 하는 게 좋다. 그래서 아이들 실력에 비해 조금 높은 수준의 120% 정도의 문제집이 정해진다. 사실 이 정도가 딱 적당하다.

그런데 문제집이 하나 더 붙는다. 왜? 문제집 하나로는 부족해 보이니까! 비슷한 수준의 문제집이나 조금 더 어려운 문제집이 하나 더 정해진다. 그렇게 갑자기 두 배가 돼서 240%가 된다.

학원비를 내고 받는 건 어른들이고 그래서 어른의 생각과 요구치에 맞춰 교재가 정해지기 마련이다. 그 과정에서 아이들의 현재 수준이나 의견은 고려되지 않는다.

사실 아이들의 의견을 고려한다고 해도 마찬가지다. 교과서나 개념서, 상대적으로 쉬운 문제집들을 하자고 하면 많은 학생들이 자신을 무시하는 것이라 생각하고 자존심에 상처를 입는다.

결론적으로 학원에서 다뤄야 하는 수업의 양은 내가 생각하는 적정량의 240%가 됐다. 당연히 학생들에게는 수학적이고 논리적으로 충분히 고민하고 탐구해 볼 시간이 사라지고, 나는 진도 나가기에 급급해서 늘 불안하고 초조했다.

공부에도 과식이 있다

공부에도 소화를 시킬 시간이 필요하다. 음식을 과식이나 폭식하면 안 좋다는 건 모두가 안다. 운동도 관절이 상하도록 과하게 움직이면 안 된다는 걸 안다. 그런데 왜 공부는 과하게 시키려고만 할까?

수업이 적당히 건너뛰며 진행되는 걸 학부모님들이 알기는 알까? 알면 뭐라고 할까? 나는 걱정했고 불안했지만 대부분은 그냥 그렇게 흘러갔다. 학생이 혼자 한 문제를 자기 것으로 만드는 것보다 선생님이 열 문제를 멋지게 푸는 수업을 다들 더 좋아한다. 그렇게 학생들은 자신들의 수학적 사고를 키우고 발전시킬 기회를 잃어버린다.

그런데 여기서 기적이 일어난다.

정말 신기하게 혼자서도 악착같이 그 모든 문제를 풀어 오는 아이들이 있다. 학원의 한 반 정원이 7~8명이면 2~3명 정도, 좀 잘 구성된

반에서는 3~4명 정도의 아이들이 혼자서 문제의 답을 찾아온다. 그런데 숙제를 해 온 아이들에게 어떻게 답을 찾았는지 물어보면 제대로 대답하는 아이가 거의 없다.

"그냥 이게 제일 답 같아요."

저학년 아이들일수록 어떻게 풀어야 하는지는 모르는데 귀신같이 답을 찾아낸다. 답을 베낀 게 아니다. 논리가 아니라 직관으로 문제를 푼다. 눈앞에서 지켜보면서 풀게 해도 숫자 몇 개 끼적이고 답이 나온다. 기적이다. 솔직히 나는 그런 기예를 선보일 자신이 없다.

사실 수학에서 직관의 능력을 강조하는 학자도 정말 많다. 그러니 대단한 게 맞다. 문제는, 논리 없이 이런 능력만으로는 끝까지 갈 수가 없다는 거다. 자신의 논리를 타인에게 설명할 줄 알아야 수학에도 쓸모가 생기고 수학으로 더 많은 것을 이룰 수 있다.

논리 없는 직관이 한계에 도달하는 순간, 아이들은 쉽게 수포자가 된다. 대부분의 사람들, 특히 부모님이 이 단계에서 수학 탓을 한다. 우리 아이가 전에는 항상 단원평가에서 만점을 받았고, 중학교 때도 수학을 잘했는데 고등학교 수학은 너무 어렵다고 하소연한다.

오히려 아이들은 자신의 이런 상황을 납득한다. 원래 이해가 안 됐었다고, 언젠가는 이럴 줄 알았다고 쓸쓸하게 웃는다.

하지만 나를 포함해 많은 고등학교 수학 교사들이 볼 때, 고등학교 수학이 어렵다기보다는 초등학교 때부터 잘못 만들어진 습관이 고쳐지지 않고 굳어져서 생긴 결과이다.

같은 시간 동안 그 아이들이 풀었던 문제 양의 반만 풀고 더 고민하고 더 표현할 기회를 가졌다면 나는 지금보다 수포자가 훨씬 줄어들 것이라고 확신한다.

수학으로 대화하기

☑ 어떻게 풀었는지 이야기해 볼까?

초등학생을 가르치다 보면 가장 중요한 건 '숙제의 양'이다. 숙제를 내주면 아이들은 문제집을 한 장씩 넘기면서 이게 전체 몇 바닥이냐고 울부짖는다. 그리고 고통받으면서 문제를 풀긴 푼다. 답도 맞힌다. 안 하면 엄마한테 혼나고 틀리면 다시 풀어야 하니까 놀기 위해 어떻게든 빨리 풀어서 답을 맞힌다. 그러나 이걸 어떻게 풀었는지 물어보면 당황해서 우물쭈물할 뿐 설명을 못 한다.

"선생님은 천천히 기다릴 테니 어설프더라도 네가 어떻게 생각했는지 이야기해 보렴."

이런 분위기를 말로도 태도로도 열심히 표현한다. 그러면서 아이들이 한 단어, 두 단어씩 띄엄띄엄 던지는 힌트를 받아

"아, 이렇게 풀었다는 이야기지?"

하고 다시 수학적으로 정돈된 표현으로 물어보면 그제야 아이들은 자신의 논리를 세우는 근거를 찾아내고 표현하기 시작한다.

솔직히 아이들과 수학으로 소통하는 데 내 심리학 학위가 도움이 됐다. 하지만 너무나 안타깝게도 대부분 수학 시간에 아이들은 수학

으로 타인과 소통하지 못한다. 상담학 기법까지 총동원하여도 허무한 결말에 이를 때가 많다.

"그냥 이게 답 아니에요?"

정말로 기운이 확 빠진다.

아무리 수학적이고 논리적인 생각으로 유도하려고 해도 '답'이냐 아니냐로 끝나는 경우가 많다. 여기에는 어떤 수학적인 사고, 논리적인 생각도 없다. 그저 반복적이고 지루한 훈련만 있을 뿐이다.

대부분 학생들에게, 그리고 이미 인생의 모든 수학 시험이 끝난 어른들에게 그렇게 수학은 시험이 끝나면 다시는 쓸모없는 것이 된다.

☑ 풀어야 하는 문제 수는 언젠가는 줄어든다

반복적인 문제 풀이, 살인적인 문제의 양…….

이해는 된다.

이어서 고백하자면 사실 나도 아이들을 그런 훈련으로 밀어 넣는다. 사교육 시장에서 살아남으려면 당장 이번 시험부터 아이들 성적이 올라야 하니까.

단원평가에서 백 점을 맞고, 까다로운 계산 문제가 줄줄이 있는 내신에서 좋은 점수를 받으려면 논리적인 추론을 하고 토론할 시간에 '답'을 맞히는 훈련을 하는 것이 효율적이다.

하지만 학년이 올라갈수록 문제 수가 줄어드는 대신 문제가 복잡해진다. 대학 수준까지 올라가면 1시간 안에 풀어야 하는 문제가 딱 한 개인 경우도 많다. 시험에 그토록 효율적이었던 문제의 반복 학습이 배신을 하는 것이다. 그러니 언젠가는 본능적인 직감과 훈련만으로 답을 맞히는 데 한계가 올 수밖에 없다.

대학생 때, 한 친구가 자기는 아직도 대학 수학 교재의 모든 풀이를 외운다고 해서 모두가 기절할 뻔한 적이 있다. 그 친구는 여전히 수학을 봐도 모르겠고 이해하려고 하지도 않는다고 약간 부끄러운 듯 조심스레 말했다. 그래서 통째로 외워서 시험을 보느라 너무 힘들다고 했다. 결국 그 친구는 복수 전공을 통해 진로를 문과 계열로 변경했다.

빠르든 늦든 '논리적 이성'을 훈련하지 않은 수학은 결국 무너진다.

☑ '답 맞히기'가 아닌 수학

빠르고 정확하게 푸는 걸 요구하는 건 '시험'이지 '수학'이 아니다. 그 시험마저도 학년이 올라갈수록 빠르고 정확한 것보다 복잡하고 추상적인 사고력을 요구한다.

시험이 아닌 '수학'은 오히려 하나의 문제를 포기하지 않고 충분히 오랫동안 고민하는 사람을 높게 평가하기도 한다. 그리고 학년이 올라갈수록 한 시간 안에 풀어야 하는 수학 문제의 수는 줄어든다. 그런데도 수학은 과한 학습량의 주범으로 많은 문제를 반복적으로 풀어야만 하는 과목이 되어 버렸다.

보상이 없거나 적은 반복 훈련을 몇 년씩이나 기꺼이 하기는 힘들다. 수학이 그저 무의미하게 반복되는 과도한 훈련만으로 이루어진다면 아이들에게 수학은 언제나 불안하고 고통스러운 과목일 것이다.

해결책은 간단하다.

문제 푸는 양을 줄이면 된다. 그리고 많은 문제를 푸느라 고통받았

던 시간에 한두 문제라도 논리적으로 문제를 재구성해 보고 그 내용
으로 다른 사람과 소통하는 시간을 늘리자. 친구랑 할 수 있다면 최
고이고 선생님, 엄마, 아빠, 동생도 좋다. 왜 그렇게 생각했는지 근거와
이유를 설명해 보고, 타인의 설명을 받아들이기도 하며 서로 다르게
생각한 내용이 있는지 점검해 보는 모든 과정들이 큰 도움이 된다. 수
학 역시 인간이 서로 소통하기 위한 하나의 도구일 뿐이다. 수학은 인
류 역사에 오래 묵은 중요한 도구라서 잘 쓰면 누구에게나 이로운 도
구이다.

이 책의 다음 이야기는 이 수학이란 도구가 어떤 녀석인지, 어떻게
해야 더 잘 다룰 수 있을지에 관한 이야기를 하고자 한다.

PART

쌤, 거짓말하지 마요

수학에서 논리라는 게 막 그렇게 거창하고 엄청 놀랍고 특별한 무언가가 아니다. 합리, 그러니까 이치에 맞는 것을 잘 짜 맞추는 게 논리적인 것이다. 그리고 논리를 풀어낼 수 있으면 고등학교 수학의 핵심적인 부분은 해결된다.

"거짓말!"

어디서 거짓말이라고 소리치는 게 들리는 것 같은데…….

얘들아, 믿어 줘. 정말이라니까?

고등학교 수학은 엄청나게 어렵고 힘들고 이상한 것처럼 말들 하지만 그 말들 속엔 분명 편견과 오해도 있다.

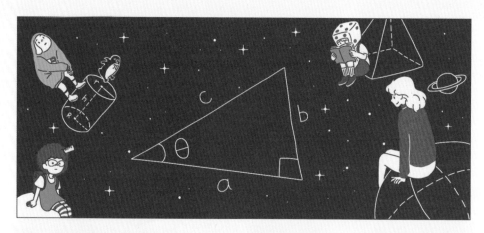

뭐라고 대답을 해 주든 결론은 항상 수학 선생님은 '거짓말쟁이'다.
그런데 정말로 거짓말이 아니다.

1. 제가
이걸 배웠다고요?

학년이 올라갈수록 수학이 계속 어려워지는 건 아니야.

수학하는 관점을 바꿔 봐. 정말로 수학이 쉬워져~.

중학교 도형

✅ **고등학생 : 전 안 배웠어요!**

"이건 중학교 때 도형 하면서 배웠던 건데."

"전 안 배웠어요."

"너만 안 배웠을 리가."

"이런 걸 했었다고요?"

"너 내년에 학년 올라가서 다른 쌤한테 또 이럴 거지? 너 어디 가서 나한테 수학 배웠다고 하지 마라."

아래 △ABC에서 ∠A의 이등분선이 $\overline{BC}$와 만나는 점을 D라고 할 때,

$$\overline{AB} : \overline{AC} = \overline{BD} : \overline{CD}$$

임을 설명하는 과정이다.
□ 안에 알맞은 것을 써넣으시오.

점 C를 지나고 $\overline{AD}$에 평행한 직선과 $\overline{BA}$의 연장선의 교점을 E라고 하자.

∠BAD = ∠CAD이고,
$\overline{AD} \parallel \overline{EC}$에서

∠BAD = ∠E(동위각)
∠CAD = $\boxed{\angle ACE}$ (엇각)이므로
∠E = $\boxed{\angle ACE}$

따라서 △ACE는 $\overline{AE} = \boxed{\overline{AC}}$ 인 이등변삼각형이다. 삼각형에서 평행선에 의하여 생기는 선분의 길이의 비에 의하여

$$\overline{BA} : \overline{AE} = \overline{BD} : \overline{DC}$$

따라서 $\overline{AB} : \overline{AC} = \overline{BD} : \overline{CD}$

▲ 중학교 2학년 수학 교과서에 나온 '각의 이등분선 정리'

045

고등학생인 신강이는 최상위권은 아니어도 나름 수학에 자신감도 있고 교사인 나와 소통하기도 좋아하는 학생이다. 그런데 '각의 이등분선 정리'처럼 가끔 중학교에서 배우는 도형에 관한 내용이 나오면 꼭 저렇게 깜짝 놀라며 나를 거짓말하는 선생님 취급을 한다.

☑ 중학생 : 완전 쉬운데요?

나는 중학생 수업을 잘 안 하는 편인데 가끔 중학교 3학년 수업을 하면 깜짝깜짝 놀란다.

너무 못해서?

아니! 너무 잘해서!

고등학교에서 중학교 도형 이야기만 나오면 기억 안 난다고, 배운 적 없다고 매번 볼멘소리만 듣다가 막상 중학생들한테 문제를 주면 정말 빠르고 정확하게 너무 잘 푼다.

삼각형이나 원을 다루는 무척 복잡하고 별 이상한 공식을 다 갖다 써야 겨우 풀리는 문제를 줘도 다 푼다. 그것도 내가 예상한 시간보다 훨씬 빠르게 정답을 찾는다. 어쩌다 한두 명일 거라고? 내 경험은 안 그랬다. 진짜 생각보다 많은 학생들이 잘 풀었다. 특별히 잘하는 동네나 학교도 아니고 그냥 평범한 공립 중학교에서도 그랬다.

한번은 이런 일이 있었다. 겨울방학 직전에 아픈 선생님 대신 급하게 보강에 들어갔다. 미리 전달받은 학습지를 나눠 주고 답만 맞춰 주면 된다고 들었다. 그래서 학습지를 보면서 '음, 30분은 걸리겠군. 잘 푸는 애들도 20분은 걸리겠지?' 이러면서 들어갔는데 10분 만에 풀고 죄다 엎드려 자거나 떠들어 댔다.

"다 푼 거 맞아? 제대로 안 해?" 하면서 채점을 했더니 엎드린 애들은 이미 다 제대로 풀었던 거였다.

"여기 보조선 그어서 이렇게 같으니까 답이 이거예요."

물어보니까 설명도 잘했다.

울컥하고 화낸 게 민망해서 등에 식은땀이 쭉 났다.

아니, 이 학생들이 커서 고등학생이 되는 거 아닌가? 아니 왜??? 고등학교만 오면 중학교 때 배운 수학 내용이 백지가 되는 걸까?

그런데 이건 달리 말하면, 중학교 수학을 까먹거나 몰라도 고등학교 수학을 잘할 수 있다는 이야기도 된다. 그러니까 초등학교랑 중학교 때 수학 성적이 나빴다고 자신의 수학 실력에 너무 빨리 실망하지 말자.

실제로 고등학교에서 수학 점수가 잘 나오는 학생들 가운데 자기는 초등학교나 중학교 때 수학 성적이 엉망이었다고 이야기하는 학생을 심심치 않게 볼 수 있다. 반대로 중학교 때는 수학 점수가 잘 나왔는데 고등학교에 와서 아이가 수학을 못 따라간다고 속상해하시는 학부모님도 종종 만날 수 있다.

수학은 학년이 올라갈수록 어렵다?

☑ 고등학교 수학이 더 쉽다고?

수학이란 과목이 요상하고 신기하고 이상한 게, 초등학교 때 수학 점수를 잘 받았던 학생이라고 해서 중학교와 고등학교에 가서까지 쭉 점수가 잘 나오는 게 아니라는 거다.

모해는 나랑 이야기를 나누면 꼭 중간에 이런 말을 한다.

"저는 수학을 못해요."

"모해야, 넌 수학적인 센스가 좋아. 조금만 더 자신감을 가지고 해봐. 성적도 오를걸?"

"제가요? 에이, 제가 무슨."

아니라고 말하면서도 눈을 반짝거리며 뭔가 기대에 찬 것 같긴 한데 항상 말은 '못한다'로 끝난다. 성적도 2등급 정도 나오는데도 그런다.

왜 그렇게 생각하냐고 물어보면 초등학교 때부터 단원평가를 한 번도 만점 받은 적이 없고, 중학교 때는 그냥 수포자가 아닌 정도였다고

한다. 고등학교 와서 중학교보다 수학 점수도 오르고 수학이 조금 더 재밌어지긴 했는데 아무튼 자기는 멀었다고 한다.

하지만 모해가 이야기하는 그 수학 잘하는 친구들이 초등학교, 중학교, 고등학교 내내 같은 친구들일까? 아마 아닐 거다.

수학은 초등학교와 중학교, 고등학교 사이의 점수 변동이 가장 큰 과목이다. 그 이유를 다들 학년이 올라갈수록 수학이 너무 어려워져서라고 하는데 내 생각엔 그렇지 않다. 고등학교 와서 수학 성적이 더 오르는 경우도 꽤 있다.

한국계로는 최초로 수학의 노벨상인 필즈 메달을 수상한 허준이 교수도 학창 시절에 그렇게 수학이 어려웠다고 한다. '수학 말고 다 잘했다'는 인터뷰도 있고, 학부 시절에는 수업을 따라가기 어려워했고 재수강도 종종 했다는 서울대학교 동창들 증언도 나온다. 그런데 박사 과정에 진학하자마자 엄청난 연구를 해냈다. 중·고등·대학교까지도 수학과 친해지지 못했다가 정말 막판에 수학과 친해진 것이다.

> 학년이 올라간다고 수학이 계속 어려워지기만 하는 게 아니다.
> 누군가에게는 수학이 오히려 쉽고 편해진다. 그게 이 책을 읽는 바로
> 여러분일 수도 있다. 그러니까 초등학교 때부터 수학이 싫었다고 미리
> 포기하지 말자.

☑ 같은 건데 평가 기준이 다르다고?

학년이 바뀐다고 수학 내용이 엄청나게 바뀌지는 않는다. 다음 장에서 이야기하겠지만 초등 수학의 내용이 그대로 고등학교까지 이어

진다. 달라지는 건 오히려 평가 기준이다.

수학은 정확하고 정답이 있는 건데 어떻게 평가 기준이 다르냐고?

수학 선생님들 간에도 수학에 대한 취향이 있고 '무엇이 수학이냐'에 대한 의견이 다 다르다. 수학 서술형 채점을 할 때 수학 선생님들끼리 얼마나 길게 회의하고 많이 싸우는지 알면 다들 수학에 대한 생각이 조금은 달라질 거다. 진짜로!

그래서 어떻게 하면 서술형 점수를 더 잘 받을 수 있을지도 뒤에서 이야기할 거다. 중요한 이야기고 긴 이야기니까.

여기서는 학년에 따라 변하는 평가 기준에 대한 이야기를 해 보자.

영어를 한번 생각해 보자.

처음 배울 때는 hello, apple 등 단어의 철자가 중요했다. 알파벳 하나라도 틀리면 그냥 그 문제는 빵점이 된 적도 있을 거다.

하지만 학년이 올라가면 어떨까? 점점 더 많은 단어를 배우고 문장이 길어진다. 문장 전체에서 철자가 한두 개 틀린 건 감점만 되고 문장의 문법적 완성도가 평가 기준이 된다.

수학도 마찬가지이다.

처음에 중학교에서 일차함수 그래프를 그릴 때는 원점, x축, y축을 모두 그리고 1, 2, 3, 4⋯ 한 칸 한 칸 그려서 좌표평면부터 모눈종이처럼 채워 넣는다. x와 y의 비율도 어느 정도 일정하게 그려야 한다. 그다음에는 x절편, y절편, 이런 모든 것이 평가에 들어간다. 하나의 요소라도 빼먹거나 부정확하면 감점이 된다.

하지만 고등학교에서 직선의 방정식을 다루면 오히려 더 간단하게 그래프를 그리게 된다.

같은 직선의 그래프인데 뭐가 다를까?

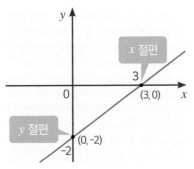

▲ 중학교 교과서에 나오는 일차함수 그래프

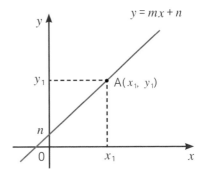

▲ 고등학교 교과서에 나오는 직선의 그래프

먼저 모눈이 없다. 이제 더 이상 축에 한 땀 한 땀 1, 2, 3 등을 표시하지 않는다. 그리고 그려놓은 직선도 m값이나 n값에 따라 언제든 변할 수 있다. 아예 직선만 그렸다가 축을 나중에 그린 다음 이동시켜 가면서 풀어야 하는 문제도 있다. 그리고 직선이 다른 직선과 이루는 관계, 원과 이루는 관계가 정확하게 표현되었는지 이런 걸 중심으로 보게 된다.

☑ 관계가 중요해! 일반화도 중요해!

저학년 때는 규칙 그대로 순서대로 하나만 배운다면, 학년이 올라갈수록 몇 가지 규칙이 어우러지는 방식 또는 여러 가지 것들이 서로 이루는 관계를 배운다. 특수한 경우가 아니라 모든 경우에 성립하는 내용이 무엇일까를 고민하게 된다. 그래서 일차함수는 중학교 때 배우지만, '일차'라는 단어를 빼고 일반적인 '함수' 자체를 배우는 건 고등학교 때이다. 초등학교와 중학교 때는 살짝 찍어서 맛만 봤다면 두 변수의 관계에 초점을 맞추는 제대로 된 함수는 고등학교에 가서야 배운다.

좌표평면 위의 직선을 중학교 때도, 고등학교 때도 똑같이 배우지만 보는 관점이 달라진다. 중학교 때는 직선 하나를 정확하게 그리는 데 초점을 맞췄다면 고등학교 때는 그 직선이 다른 도형과 이루는 관계를 다루게 되나. 점점 더 많은 대상, 확장된 관계를 다루는 것이다. 그런 만큼 평가 기준도 직선 자체의 정확도에서 관계성의 표현에 대한 내용으로 변화한다.

그리고 특수한 경우에서 점점 일반적인 내용을 다룰 수 있어야 수학을 다양하게 적용할 수 있게 된다. 일반성, 그러니까 여기저기 모든 곳에 다 적용할 수 있다는 게 수학의 강력한 장점 중 하나다.

수학에는 뭔가 불변의 이미지가 있고 항상 똑같을 것만 같다고 생각하는데 맞다. 수학에는 그런 성격이 있다. 하지만 수학이 변하지 않는 것과 학교 수학의 진도가 달라지고 그래서 평가 기준도 함께 바뀌는 건 다른 문제다. 한마디로 학년별로 수학 시험은 다르다.

학년이 올라가서 배웠다면 똑같이 함수를 배웠어도, 분명 뭔가 달라졌다. 다른 점이 무엇인지 새로 배운 게 뭔지 모른다면 공부를 잘못하고 있는 거다. 함수의 다른 면을 배웠을 것이고 그게 평가 기준이된다.

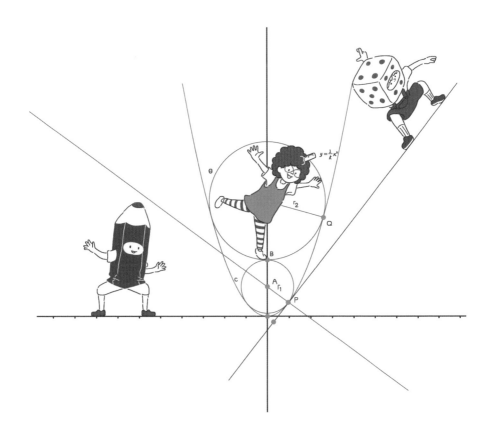

학년이 올라가면서 수학적 대상이 갑자기 어려워지는 게 아니다.
자꾸 대상, 그러니까 숫자 하나, 선 한 개 같은 것에만 집착하고
관계를 따져 보지 않으려는 고집이 수학을 어렵게 만든다.

　고등학생이라면, 직선을 배울 때 직선만 보지 말자. 다른 직선하고
관계는 어떤지, 이차함수 그래프랑은 어떤지, 원이랑은 어떤지 하나씩
정리해 보자.
　그렇게 수학하는 관점을 바꾸면 수학이 쉬워진다.

2. 수학은 괴물이 아니다

나를 괴물로 생각하니? 아니야, 두려움을 걷고 다시 나를 봐.

나를 이해하면 더는 무섭지 않을 거야.

정체가 밝혀진 괴물은 무섭지 않다

수학을 즐기지 않는 사람들, 그러니까 흔히 "저는 수학이 진짜 싫었어요."라고 웃으면서 이야기하는 사람들은 수학을 '괴물'로 여기는 것 같다. 공포 영화에 나오는 실체를 알 수 없고 이길 수도 없는, 초자연적이고 나쁜 존재 같은 것으로 말이다. 이런 사람들은 이제 강제로 수학을 배울 일이 없어서 좀 농담처럼 말한다.

하지만 학생들은 어떨까? 성적과 입시라는 압박 속에서 그렇게 쉽게 웃으면서 말할 수 있을까?

가끔 막히거나 어려운 문제에서 전혀 맥락에 맞지 않는 내용을 갑자기 적용하려는 학생들이 있다. 모르겠으니까 그냥 생각나는 수학 내용을 아무거나 던진다. 직선의 기울기를 찾아야 하는데 〈기울기를 알 때 원에서의 접선 공식〉을 외치거나 〈점과 직선 사이의 거리 공식〉을 가져오려고 한다.

앞뒤가 맞지 않는 공식을 마구 던져 대는 학생의 눈을 보면 불안이 가득 차 있다. 이 아이에게 수학은 어떤 괴물일까?

영화에 나오는 괴물이 무서운 건, 나와는 너무 달라서 알 수도 없고 예측할 수도 없어서 그저 죽거나 죽이는 수밖에 없기 때문이다. 공포와 불안에는 이해가 없다. 만약 영화에서 괴물의 행동이 예측 가능해지면 상황은 반전되고 사람은 주도권을 되찾는다. 이해야말로 상황을 바꿀 수 있는 인간의 가장 강력한 힘이다.

아무 공식이나 던지는 학생에게는 주도권이 없다. 수학이 이해 불가능한 존재일 것이라고 굳게 믿어서 그저 수학에 대한 막연한 불안과 공포가 있을 뿐이다. 그건 수학을 잘하느냐 못하느냐 하는 문제가 아니다. 일단 두려우니까 아무거나 던지는 행동을 멈춰야 한다. 자, 심호흡을 하고 이런 다짐을 해 보자.

나는 수학 때문에 불안해하거나 공포에 떨지 않겠다.
갑자기 전혀 모르는 괴물이 튀어나오는 게 수학이 아니다.

차분히 마음을 가라앉히고 처음부터 가장 쉬운 것, 내가 할 수 있는 것부터 되짚어 보는 일이 필요하다. 한두 문제를 못 푼다고 '나는 역시 안 되나 봐.'라고 자책하는 일부터 멈춰야 한다. 누가 너에게 "이런 문제를 틀리다니 넌 역시 안 되는 애야."라고 말하는 사람이 있다면 그 사람이 나쁜 거다. 손절하자. 그런 말을 진지하게 들으면서 스스로를 무너트릴 필요가 없다.

수학이 어려운 것은 어느 정도 사실이고 그건 너 혼자만의 잘못이 아니다. 하지만 수학만의 문제도 아니다.

섭식 장애가 생겨서 제대로 밥을 못 먹으면 밥이 아니라 '불안과 우울'이 문제가 된다. 그러니까 수학에 대한 불안이 어느 정도 진행됐다면 그건 더 이상 수학의 문제가 아니다. 섭식 장애를 치료할 때 식사법 교정이 들어가듯 수학 공부 방법도 바뀌어야 하겠지만 그보다 '불안'부터 가라앉혀야 뭐라도 한다.

수학도 그저 소통의 도구일 뿐

☑ 전 세계 사람들이 다 같이 쓰는 언어, 수학

수학은 고도로 과학과 정보 기술이 발달한 이 시대를 살아가는 데 필수적인 교양이다.

사실 수학이야말로 가장 예측 가능한 학문이어서 실험적인 변수조차 존재하지 않는다. 그러니까 갑자기 예측할 수 없는 이상한 게 튀어나오지 않는 세상이 수학의 세계이다. 수학은 지독할 정도로 질서 정

연해서 문제이고, 변화가 적어서 힘든 분야다.

    또한 수학으로 만든 세계에서는 모두가 같은 언어를 사용한다. 중요하니까 두 번 이야기하겠다.

수학의 세계에서는 모두가 같은 언어를 사용한다.
수학의 아름다움과 유용함은 바로 거기에 있다.

    보통 우리가 갈 수 있는 세계 어느 나라를 가도 아라비아 숫자를 사용한다. 말이 전혀 통하지 않는 동남아시아 시장에 가서도 전자계산

기나 스마트폰을 이용해서 가격 흥정을 할 수 있다. 한 번에 여러 개를 사면 할인도 받을 수 있다. 숫자, 덧셈, 곱셈에 대한 기본적인 수학의 틀을 전 세계가 공유하기 때문에 가능한 일이다. 물론 그런 기술 문명과 다른 삶을 사는 사람들도 있겠지만 적어도 보통 우리가 만나고, 소통하고, 함께 일할 사람들과는 수학에서 가져온 언어를 사용하면 서로 오해가 생길 일이 거의 없다.

어떻게 보면 그래서 수학이 재미없고 딱딱하다고 느낄 수도 있다. 매번 같은 말을 하는 것 같고 상상의 여지도 없으니까. 하지만 다르게 생각하면 전 세계 어디를 가도 우리가 함께 쓸 수 있는 표현이 하나 존재한다는 건 신나는 일 아닐까?

나는 '수학으로 전 세계와 함께 소통할 수 있구나!'라는 걸 느꼈을 때 정말 기쁘고 세상이 아름다워 보였다.

☑ 기계와 대화할 때도 수학!

그래서 수학으로 어디까지 소통할 수 있을까?

심지어 인류를 넘어 기계, 컴퓨터와도 소통할 수 있다. 코딩, 프로그래밍 언어, 컴퓨터 언어는 결국 수학적인 원리로 굴러간다.

수학은 극단적으로 일반화시킨 추상적인 대상을 다루기 때문에 어렵지만 그래서 언어권, 문화권을 초월할 수 있다. 코딩과 프로그래밍 어느 쪽이든 컴퓨터 언어를 사용하는 이유는 기계가 사람의 의도를 받아들이게 해서 그 의도대로 기계를 조작하기 위해서이다.

코딩에 비교하기에 약소한 예이지만 엑셀 같은 스프레드시트 프로그램을 잘 쓰려면 당연히 변수와 함수에 대한 기본적인 이해가 필요하다. 그래서 수학을 잘하면 엑셀도 쉽게 배운다.

언젠가 인류가 미지의 외계 생명체와 만난다면?

그때도 수학은 유용할 거다.

지성을 가진 존재로서 증명하기 위해 우주로 수학적 지식들을 쏘아 보낸 프로젝트도 있었다. 그냥 우연한 데이터가 아님을 알리기 위해 2, 3, 5, 7 같은 소수를 신호로 보냈다.

서로 오해하지 않고 정확하게 의사소통하기 위해서,
인간이 생각하는 존재인 한 수학은 계속 쓰일 것이다.

세상에는 한 가지 수학만 있는 게 아니다

☑ 이번 건 좀 쉬워요!

"아이가 기본 문제는 곧잘 푸는데 조금만 응용되어도 못 풀고 힘들 어해요."

"아이가 개념은 알겠는데 문제는 못 풀겠대요."

학부모를 만나면 정말 자주 듣는 이야기인데 사실 저런 말들은 거 의 아무런 도움이 되지 않는다. 보호자가 주는 아이에 대한 정보가 쓸데없다는 그런 오만한 소리를 하는 게 절대 아니다. 수학과 아이의 관계에 대한 더 자세한 이야기가 필요하다는 말이다.

"수학이 너무 어려워요. 못 하겠어요."

학생들에게 수학을 가르치다 보면 저런 말을 많이 들을까? 정답은

'아니오'다.

초등학생과 중학생을 가르치면 막상 저런 말은 많이 못 듣는다.

수학 선생님이랑 무슨 이야기를 했었는지 기억이 안 난다고? 만날 숙제한 기억밖에 없다고?

보통 못 하겠다는 말이 나오기 시작하는 건 입시를 위해 전략적으로 수학을 완전히 버린 수포자가 등장하는 고등학교 2학년 이후이다. 오히려 어린 학생들은 수학이 어려울 때 좀 더 확실하게 콕 집어서 말한다.

"이건 숫자가 왜 이래요? 답이 아닌 것 같아요."

"저 사실 아직 구구단 못 외웠어요."

"함수 못 하겠어요."

"삼각비 하나도 모르겠어요."

그러다가 다음 단원 넘어가면

"이번 건 좀 쉬워요! 할 만해요!"

배시시 웃으면서 엄청 신이 난다. 발전문제 좀 풀면 금세 또 쭈그러들지만.

그러니까 개념문제와 응용문제의 차이가 아니다.

모든 응용문제를 잘 푸는 아이는 없다. 모든 응용문제를 하나도 못 푸는 아이도 없다. 실제로 도움이 되는 건 아이가 어떤 단원에서 어떤 유형의 문제를 풀 때 어디서 막히는지 아는 거다. 그러니까 좀 더 구체적이어야 한다.

병원에 갔다고 생각해 보자.

"배가 아파요."

병원에 가서 의사한테 이렇게 이야기하면 윗배인지 아랫배인지, 묵

직한지 쿡쿡 쑤시는지, 장이 꼬이는 것 같은 기분인지 물어보고 필요하면 청진기로 소리도 듣고 만져도 본다. 정확한 진단을 위해 의사는 한참 더 자세한 정보를 모은다. 마찬가지로 수학에서도 '못 풀겠다', '어렵다'는 제대로 된 정보를 담고 있지 않다.

수학에 대한 처방도 비슷하다. '응용문제를 못 푼다'는 어떤 진단도 아니다.

문제를 좀 더 구체적으로 알면 반대로 그래도 내가 수학에서
'이건 좀 할 줄 아는구나'도 좀 더 정확하게 알게 된다.

☑ 서로 다른 수학

수학이라고 뭉뚱그려서 말하지만 수학의 분야는 정말 넓다.

수학이란 것은 구체적인 현실 대상이 아닌 추상적인 대상을 논리적으로 다루는 분야 전부를 포함하는 미친 듯이 넓은 분야이다. 심지어 몇천 년간 그 영역이 커지기만 하고 갈라져 나가지도 않았다. 철학과 과학이 갈라지고, 과학에서 물리, 생물, 화학, 지구과학, 환경학 등이 갈라지고, 물리에서 천체물리학이니 이론물리학이니 실험물리학이니 등이 갈라지는 동안 수학은 오히려 기하학과 대수학을 합쳐 분야 이름이 줄어 그냥 수학이다.

그래서 수학이 발전을 안 했냐고?

천만에!

수학도 발전하여 엄청나게 많은 분야를 다룬다. 통계학 같은 분야는 아예 수학과에서 분리된 대학이 대부분이다. 추상적인 대상이 수

의 형태이면 정수론이나 대수학 같은 분야가 된다. 모양이나 형태를 추상화시킨 기하학적 대상을 다루면 기하학이 된다. 그 추상적인 대상이 개념이나 명제, 논리 그 자체가 되면 형식논리학과 수학이 겹쳐지는 분야가 된다.

그래서 수학이라고 뭉뚱그려진 분야 내에서 '서로 같은 분야라고 할 수 있나?' 싶을 정도로 다루는 대상도 연구 방법도 전혀 다른 경우가 꽤 있다. 해석학에서 사용하는 좌표평면 위에 그리는 그래프와 이산수학에서 사용하는 그래프는 둘 다 그래프라고 부르긴 하지만 전혀 다르게 그려지고 전혀 다르게 해석한다.

여기 나오는 그래프들은 모두 이산수학에서 같은(동형) 그래프들이다.

이게 다 같은 그래프들이라고? 믿을 수 없어!

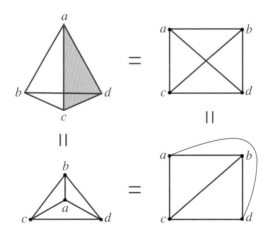

▲ 이산수학의 그래프

우리나라 교육과정에서도 수학 분야를 나누어서 각 학년에 맞춰 내용을 조정하고 있다. 초등학교 때는 '수와 연산' 영역에서 이후 정수론이나 대수학으로 이어지는 내용을 다루는데, 이 내용은 중학교에 가서 다시 '문자와 식'과 '수와 연산'으로 나뉜다. 논리학적인 내용이라고 볼 수 있는 '집합과 명제' 역시 '수와 연산' 분야로 분류되어 있다.

한 명의 아이가 수학 교과에서 모든 영역을 완벽하게 다 잘하는 경우는 극히 드물다. 도형 문제는 잘 푸는데 함수는 못하는 학생도 있고, 반대로 '수와 연산' 영역이나 함수는 잘하는데 도형은 못하는 학생이 있다.

그저 단순하게 '수학을 잘한다', '수학을 포기했다'로 뭉뚱그리면 해결책이 없다. 도움도 안 된다.

나는 x가 나오는 게 더 편한지, 삼각형 도형을 보는 게 더 편한지 스스로 알고 있어야 한다. 그래야 어디를 더 어떻게 노력해야 하는지도 알고 진로를 결정할 때도 좀 더 나은 결정을 내리기 쉽다.

수학을 잘하고 좋아하는 학생들 안에서도 잘하는 분야가 다 다를 수 있다.

도형 문제에서 직관적으로 답을 빠르게 잘 찾아내는 친구들은 기계공학처럼 답이 빠르고 명확해야 하는 분야로 진로를 고민해 보는 게 좋다. 문제 푸는 건 느리지만 식을 명확하고 논리적으로 잘 쓰는 친구는 순수과학 분야를 생각해 보는 게 좋다.

x도 도형도 다 싫고 식에서 요구하는 논리라는 것도 잘 모르겠는

데 어쨌든 계산을 하면 답은 잘 찾는 친구들이 있다. 수열에서 30항쯤은 일반항을 안 만들고 그냥 30번을 반복 계산해서 답을 구하는 거다. 30번에 한 번은 틀릴 법도 한데 답을 정확하게 구한다. 이런 친구들은 경영이나 경제를 전공해서 회계사 같은 진로를 생각해 볼 수 있다. 아무리 컴퓨터를 이용해서 업무를 처리한다고 해도 수와 숫자에 대한 감이 좋은 것은 큰 장점이다.

수학의 세부 분야는 계속해서 새로 생기기도 하고 사라지기도 하고 통합되기도 하면서 끊임없이 변화할 것이다. 세상에는 하나의 수학만 있는 게 아니다.

수학을 그냥 수학 하나로 뭉뚱그리지 말자. 이번 단원을 망쳤어도 다음 단원은 잘할 수 있다.

수학도 쓸모 있다! 조금 더 배우면

☑ 너무 기초인 학교 수학

긴 시간의 흐름 속에서 수학적 지식은 그리 쉽게 변하지 않겠지만 그 중요성이나 필요성은 끊임없이 변할 것이다.

"그래서 이걸 어디에 써먹어요?"

"어른들이 대학 가고 나면 수학 다 필요 없댔어요."

이런 말이 나오는 이유는 한두 가지가 아니라고 생각하지만, 어쨌든 그 이유 중 하나는 앞에서 말했던 것처럼 학교에서 배우는 수학 내용이 너무 오래됐다는 점이다. 그러니까 구닥다리에 한물갔다.

오래된 게 문제가 뭐냐면 당장 써먹을 수 있는 수학이 되려면 공부가 더 필요하다는 거다. 한마디로 지금 학교에서 배우는 수학은 너무 기초적이다.

"이렇게 어려운데 기초라고요?"

대학 가서 배우는 가장 첫 번째 교훈이 뭔지 아는가?

"개론, 입문, 기초 강의는 절대 기초가 아니다."

개론이니 입문이니 기초니 하면 광범위한 범위를 다루고 양도 많아서 오히려 심화 과목보다 어려운 경우가 많다. 기초라는 말이 결코 '쉽다'와 동일어가 아니다. 나중에 대학 가서 〈심리학의 기초〉, 〈교육학 개론〉 같은 걸 수강해 보면 이 말에 엄청 공감할 거다.

수학의 역사는 엄청나게 길고 지금도 전 세계에서 정말 똑똑하고 대단한 사람들이 끊임없이 새로운 수학적 지식을 생산하고 있다. 최신 수학 내용은 학생들은커녕 충분한 교육과 훈련을 받은 교사들에게조차 너무 어렵다. 또 요즘의 최신 연구들은 IT 기기에 의존하는 경우가 많아 학교에서 다룰 수 있는 형태와는 거리가 멀다.

이런 현실적인 이유로 학교에서 다루는 수학적 지식은 제한적이고 상대적으로 오래된 내용일 수밖에 없다. 그러다 보니 학교에서 배운 수학 내용이 그대로 쓰이는 경우는 거의 없다. 지금 배운 내용을 토대로 더 진보된, 더 나아간 내용을 배워야 전문적인 영역에서 써먹을 수가 있다.

예컨대 경제학과를 가면 경제수학을 추가로 더 배워야 하고, 심리학과에 가면 통계학을 좀 더 심도 있게 배워야만 한다. 이공 계열은 더 말할 것도 없이 많은 수학 공부가 필요하다.

그러니까 지금 배운 내용을 가지고 더 발전된 수학을 배우면 수학도 쓸모가 아주 많다.

☑ 억지 아니라고! 거짓말도 아니라고!

"쌤! 누가 운전하면서 속도, 가속도, 미적을 생각하고 살아요!"

"내가 그런다, 내가!"

아이는 말은 안 했지만 표정으로 "쌤! 진짜 이상해요!"라고 외친다.

아니, 지금 내 차의 속도를 생각하면서 브레이크가 잡아 주는 힘의 가속도를 계산하고, 그래서 제동 거리가 얼마나 될지는 대충이라도 알아야 안전하게 운전할 수 있는 것 아닌가? 이건 억지가 아니라 진짜 필요한 부분이다. 그리고 이런 생각을 좀 더 발전시키고 정교하게 만들면 자동차와 같이 무거운 쇳덩이가 움직이는 데 필수적인 공학의 기초가 된다.

학교에서 풀던 실생활 문제가 억지스럽다고 해서 억지를 써야만 수학을 갖다 붙일 수 있는 건 아니다. 다만 제대로 수학을 써먹으려면 공부가 좀 더 필요할 뿐이다.

'경우의 수'를 가르치고 있을 때였다. 좀처럼 질문을 하는 학생이 아닌데 그날은 스트레스가 심했던지 이런 질문을 던졌다.

"쌤! 대체 이런 건 배워서 어디다 써요?"

"이런 걸 기반으로 확률을 배우고 기본적인 확률을 다룰 줄 알아야 통계학을 하지. 통계학이 사회과학 분야에서 필수인 건 알지? 그리고 그것보다 직접적으로 연결되는 분야라면 내비게이션의 길 찾기 시스템이나 인터넷 서버 간의 빠른 연결을 위한 알고리즘 분석 등에도

'경우의 수'와 관련된 이산수학 분야가 사용돼."

"진짜요? 거짓말 아니고요?"

이런 이야기를 하다 보면 응용수학 분야가 어디까지 얼마나 깊숙하게 침투해 있는지 전혀 모르는 사람들이 많다는 사실에 깜짝깜짝 놀라고는 한다.

한 가지 예를 더 들자면 디자인 분야의 3D도 있다.

요즘 애니메이션들은 거의 3D 툴을 이용해서 만든다. 3D에서 곡면의 내상이 잘린 평면을 이어 붙인 것처럼 어색하게 처리되지 않고 부

드럽게 곡면으로 보이는 건 당연히 미분을 기반으로 한다. 각 점마다 3차원에서의 미분계수값인 곡률을 줌으로써 확 휘어지고, 완만하게 휘어지는 부분을 설정하고 부드럽게 이어 줄 수 있다.

요즘 미대, 디자인 계열 학생들은 연필 잡고 붓 잡는 법을 까먹을 정도로 컴퓨터만 붙잡고 있다. 미대에 입학하자마자 맥북 공동 구매 안내를 받을 정도다. 디자인 계열 전공을 살려서 취직하면 태블릿을 써서 그림을 그리는 것을 넘어 코딩까지 요구하는 회사가 널렸다. 미대에 간다고 수학과 영영 멀어진다면 오히려 대학 이후의 진로가 더 좁아진다. 코딩과 3차원의 간단한 기하 정도는 알고 있는 것이 여러모로 유리하다.

수학과 화해하면 좀 더 다양하고 전문적인 진로를 개척할 수 있다.

PART

초등학교 때부터
정석을 풀어도
못 따라간대요

너무 빨리 달리면 주변을 볼 수 없다. 초등학교 2학년이 고민해서 해결해야 할 문제를 빨리 풀리겠다고 3학년, 4학년이 배우는 내용을 끌고 오거나 쉽게 풀 수 있는 요령을 외우게끔 한다. 고민할 때보다 답은 훨씬 빠르고 정확하게 나온다. 그렇게 점점 선행의 외길에 고립된다.

그리고 초등학교 2학년 때 배운 내용으로 해결하지 못했던 문제는 거기 그대로 영원히 남는다. 그 당시 고민했어야 했던 논리와 사고력은 충분히 소화되지 못한 채 버려진다. 그렇게 빠르게만 쌓아 올린 수학이 과연 고등학교, 대학교까지 버틸 수 있을까?

내가 학생 때도 들었고

학원 막내 강사 때도 들었고

지금도 듣는다.

초등학생에게 고등학교 『수학의 정석』을 풀린다는 이야기를 처음 들었을 때
그냥 헛소문인 줄 알았다. 그런데 실제로 있더라.

학부모 상담을 하면 가장 많이 느끼는 건 '불안'이다.
아이들보다 더 불안해한다.
내 아이가 뒤처질까 봐, 내 아이가 수포자가 될까 봐,
내 아이가 대학을 못 갈까 봐 엄마들은 불안과 악몽에 시달린다.
엄마가 불안해할 때 아이는 더 잘 알고 있다.
그런다고 자기 수학이 느는 게 아니라는 걸.

1. 수

어떤 수를 공부했어? 자연수? 정수? 유리수? 실수?
열심히 공부한다고 하면서 수가 먼지 왜 관심이 없어?

수 체계

학교에서, 그러니까 우리나라 수학 교육과정에서 언제까지 수(數)를 배우는지 아니?

"에이, 쌤. 숫자는 진작 다 배웠잖아요."

"헐, 쌤이 우릴 무시했어. 나 상처받음."

쓰읍. 후. 하.

상처를 주려는 건 아닌데, 어디서부터 설명해야 할지 막막하다.

정답은 '고등학교 1학년'까지 계속 새로운 수를 배운다. 그리고 '숫자'와 '수'는 다른 거다.

초등학교 때는 숫자라고 할 수 있는 1, 2, 3 같은 한 자리 수부터 시작한다. 그리고 두 자리 수, 세 자리 수로 점점 커지는 자연수를 6년 내내 공부한다. 1보다 작은 수도 배운다. 분수와 소수를 다루면서 유리수라는 이름은 안 배우지만 어쨌든 양의 유리수도 조금 맛본다.

중학교에 올라가면 정수와 유리수까지 수의 범위가 확장된다. 여기까지 가면 우리의 친구, 사칙연산으로 소개할 수 있는 수가 끝난다. 그리고 중학교 3학년 때 루트, 제곱근 기호가 추가되어 무리수가 수 체계에 포함되면서 실수라는 개념을 배운다.

이제 다 배운 것 같다고?

아니다. 고등학교에 올라가서도 새로운 수를 배운다.

존재조차 까먹고 있거나 무리수와 혼동해서 기억하는 경우도 많지만 어쨌든 허수가 등장한다. 허수 i는 수직선에는 존재하지 않는 수라서 상상 속의 친구이다. 그리고 허수가 수 체계로 들어오면서 기존의 실수와 합쳐 복소수가 된다. 여기까지 확장되면 이제 다항식으로 된 방정식의 해를 모두 표현할 수 있다.

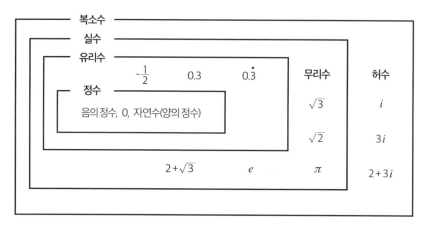

$$-\frac{1}{2} \qquad 0.3 \qquad 0.\dot{3}$$

무리수

$$\sqrt{3}$$

$$\sqrt{2}$$

$$2+\sqrt{3} \qquad e \qquad \pi$$

허수

$$i$$

$$3i$$

$$2+3i$$

복소수

실수

유리수

정수

음의정수, 0, 자연수(양의정수)

▲ 수체계

수에 대해서 만큼은 간간하게 짚고 넘어가자고!

다들 수학이 어렵다고 하면서 막상 수학이 뭔지는 잘 생각하지 않는다. 그러니까 수학이 어렵다.

스마트폰을 만드는 건 어렵지만 쓰는 건 어렵지 않다. 최소한 스마트폰이 뭐고 대충 뭐 할 때 쓰는 건지 알고 앱을 눌러 하나씩 해 보면서 사용법을 익힌다. 스마트폰의 아무 데나 두들기고 때리고 던진다고 스마트폰에서 밥이 나오진 않는다. 배달 앱에 들어가서 제대로 주문하고 결제해야 스마트폰으로 밥을 시켜 먹을 수 있다. 스마트폰으로 정말 많은 걸 할 수 있지만 스마트폰이 요구하는 방식과 문법에 맞춰야 그 많은 걸 할 수 있다.

수학도 마찬가지다. 그런데 수학을 할 때는 왜 쓰는지도, 무얼 하는 건지도 생각 안 하고 아무 데나 두들기면서 답이 안 나온다고 화를 내는 걸까?

말로는 매번 기초부터 차근차근 한다고 하는데 정말 '수'라는 대상부터 정리하고 익히고 넘어가는 사람은 별로 없다.

내가 무슨 수를 다루고 있고, 여기서는 뭘 기대해야 하고, 어떻게 다룰 수 있는지를 한 번이라도 생각해 본다면 수학을 보는 관점이 달라질 거다.

분수와 소수는 수를 부르는 이름이 아니다

"$\frac{1}{4}$ 은 무슨 수지?"

이렇게 물으면 대부분 중·고등학생들은 아주 당당하게 대답한다.

"분수요!"

미치겠다.

그럴 거라고 예상하고 물어보긴 했지만 '혹시?'는 '역시'다.

"그럼 0.25는?"

"소수요."

이제 슬슬 긴가민가, 아리송해 하면서 목소리가 작아진다.

"그럼 $-\frac{1}{2}$ 은?"

"분수?"

"아니, 유리수?"

$$\frac{1}{4} = 0.25$$

잠시 이 식을 음미해 보자.

분수와 소수는 다른 걸까? 분수와 소수가 수를 구분하는 기준이 되려면 서로 달라야 한다. 그러니까 둘이 같으면 안 된다. 하지만 $\frac{1}{4}$과 0.25는 같은 수이다.

이 둘이 같다면 같은 수를 분수로 불렀다가 소수로 불렀다가 해서는 안 된다. 적어도 수학이나 논리는 같은 대상이 다르게 해석되는 걸 싫어한다.

그러니까 "왼쪽은 분수고 오른쪽은 소수다."라고 말했다는 건 초등학교 이후로 수에 대해서 제대로 고민해 보지 않았다는 소리다. 수학 점수가 높고 낮은 거랑은 별개의 문제다. 하지만 점수가 좋아도 수학이 어렵게만 느껴졌다면 아마 이런 걸 고민해 보는 시간이 적었을 것이다.

"유리수가 뭐냐고요? 시험에 유리수가 뭔지 쓰라고 나오지도 않을 텐데 그걸 정확하게 알아서 뭐 해요?"

대놓고 말하지는 않았어도 그렇게 생각했다는 걸 안다. 하지만 수학이 좀 편해지려면 이런 부분을 확실히 아는 게 좋다.

$\frac{1}{4}$은 분수 꼴로 써진 유리수다. 분수라는 건 "저건 무슨 수냐?"에 적절한 대답이 아니다.

초등학교 때는 분수라는 새로운 표현법을 배운다면 중학교에 가서는 유리수의 성질을 배운다. 마치 어릴 때 한글을 "ㄱ, 기역. ㄴ, 니은." 하고 한 글자씩 쓰고 표현하는 방법부터 배웠던 것처럼 수도 어떻게 쓰는지, 어떻게 표현하는지를 배웠던 거다. 그런 기호들, 표현법을 익히고 나면 다시 의미의 세상, 문장의 세상으로 돌아온다. 한 글자, 하나의 수 이런 것들 하나하나가 아니라 그것들을 모아서 어떻게 전체 수체계를 이루고, 어떤 성질을 지니는지를 다룬다. 그런데 그냥 표현법이었던 것을 제대로 된 이름, 또는 의미 그 자체라고 기억해 버리면 발전하기 어렵다. 또 그렇게 수학이 어려워지는 것이다.

$\frac{1}{4}$을 보고 저건 '초등학교 때 배웠던 분수다.'라는 생각에 멈춰 있다면 이제 앞으로 나아갈 시점이다.

학년이 올라간다고 특별히 대단하게 인간이 상상할 수 없는 기괴한 무언가를 배우는 게 아니다. 그냥 봤던 애를 다른 관점에서 다시 보고, 다른 애랑 엮어도 보고 그러는 거다. 사실 그게 어려운 게 맞긴 하다. 만날 보던 약국 약사님이 흰 가운을 안 입고 마트에서 장을 보고 있다면 쉽게 알아보는가? 솔직히 나는 '저분 어디서 봤던 분인데.' 이런 생각만 하고 못 알아본다.

봤던 사람을 다르게 보는 일은 그만큼 어렵다.

수학도 딱 그만큼만 어렵다.

숫자와 수

유리수는 분수 또는 소수로 표현할 수 있다. 수를 표현하기 위해서 또 한 가지 꼭 필요한 게 있다. 바로 숫자다.

숫자와 수의 차이는 별건 없다. 숫자는 그냥 수를 표시하는 기호다. 즉, 수에 사용되는 문자다.

$9 = Ⅸ = 九$

같은 수를 표현할 때도 서로 다른 기호, 즉 서로 다른 숫자를 쓸 수 있다.

우리가 일반적으로 쓰는 1, 2, 3, 4…는 보통 아라비아 숫자라고 불리는 기호이다. Ⅰ, Ⅱ, Ⅲ, Ⅳ는 로마 숫자다. 사과를 apple이라고 쓰고, 또 그걸 보고 우리가 '애플'이라고 쓰거나 읽듯이 같은 수를 읽고 표현하는 방법도 나라마다 시대마다 변화했다.

중학교에서 루트 기호($\sqrt{}$)와 원주율(π)을, 고등학교에서 허수(i)를 배우면서 아라비아 숫자만으로는 표현할 수 없는 수들을 배우지만 어쨌든 숫자는 수를 표현하는 가장 기본적인 기호다.

$a = 2 + \sqrt{3}$

여기서 상수 a는 몇 개의 수일까?

'저 선생님이 또 무슨 함정을 파 놨을까?' 하는 의심의 눈초리로 대답도 안 하고 째려보고 있지?

무서우니까 뜸 들이지 말고 답부터 말하면 1개이다. 그냥 하나라고, 하나!

상수 a는 숫자 2도 쓰고, 3도 쓰고, 루트 기호 $\sqrt{}$ 도 썼지만 그걸 다 모아서 그냥 $2+\sqrt{3}$이라는 수이다. 더 깔끔하게 표현할 수도 없다. 수직선에 표시하면 정확하게 하나의 점에 딱 찍히는 그런 하나의 실수이다.

2. 연산

나는 홀로 존재하는 것에는 별로 관심 없어.

둘은 되어야 썸을 타든 사귀든 싸우든 헤어지든 하잖아.

학교에서 배우는 연산은 몇 가지일까?

언어가 되려면, 말이 되려면 주어와 술어가 붙는 것처럼 수학도 두 가지 이상이 붙어야 슬슬 수학이라고 할 만한 것이 된다. 그리고 두 가지 이상의 수학적인 대상을 갖고 지지고 볶는 걸 연산이라고 한다. 더하기, 빼기, 곱하기, 나누기 같은 것들 말이다.

수가 누구나 쓰는 기본적인 재료라면 연산이야말로 수학적 논리의 가장 기초 재료다. 수학을 수학답게 만들어 주는 거랄까?

근데 사실 학교에서 배우는 연산이라 봐야 몇 개 안 된다.

학교 수학에서 연산이라고 명확하게 이름이 붙은 거라고는 초·중·고 12년 동안 6개다. 그리고 종류로 따지면 딱 2종류다. 거기에 실제로는 연산인데 교육과정이 바뀌면서 요즘은 연산이라는 말을 안 쓰는 연산 한 가지를 더 붙이면 3종류, 총 7개의 연산을 배운다.

"너희가 아는 연산을 말해 봐."

"더하기요!"

"곱하기요!"

누군가 덧셈이라고 외치면 다들 곧잘 나머지 연산도 찾아낸다. 그래서 첫 번째 연산은 누구나 다 아는 거다.

사칙연산 : 덧셈, 뺄셈, 곱셈, 나눗셈 총 4개!

초등학교부터 중학교까지 딱 저 4개의 연산만 배운다. 더하기랑 빼기를 배우고 그다음 곱하기와 나누기를 배우고. 그러다가 이 4개가 섞인 것 좀 배우고. 그게 전부이다. 다만 연산을 하는 대상만 좀 달라질 뿐이다. 그렇게 생각하면 수학에서 뭐 그렇게 대단한 걸 배우지는 않는다.

루트도 배웠다고?

앞에서 '수와 숫자'에서 잠깐 이야기했지만 루트 그러니까 제곱근은 수를 표현하는 기호이지 그 자체로 연산이라고 하기에는 조금 애매하다. 그리고 제곱근이 들어간 무리수끼리도 계산하는 건 결국 더하고 빼고 곱하고 나누는 사칙연신이다.

"다른 연산 배운 건 더 없니?"

여기서부터 조금 어렵다. 일단 고등학교에 와서야 배우는 내용이고 보통 학생들은 지금 새로운 연산을 하고 있다는 생각 자체를 안 한다.

교과서나 문제집에 단원명으로 분명히 '연산'이 들어가긴 한다. 하지만 대부분의 학생은 단원명이나 학습 목표를 잘 안 본다. 그래서 학생들은 자기가 지금 연산을 하고 있다고 생각하지 않는다. 왜냐하면 수가 아닌 대상을 가지고 연산을 하니까.

그게 뭐냐면 바로 '집합'이다.

집합의 연산 : ∩(교집합), ∪(합집합)

마지막은 교육과정이 바뀌면서 연산을 연산이라고 못 부르고 있으니까 그냥 바로 보자.

함수의 연산 : ∘(함수의 합성)

예를 들어, f∘g가 있다면 f와 g라는 두 함수를 ∘이라는 연산으로 계산하는 게 함수의 합성이다. 집합은 그래도 수를 모아서 만드는 어떤 덩어리, 대상으로 생각하기 쉬운데 '관계'인 함수끼리 계산하는 함수의 연산은 꽤 고차원적인 수학이다. 좀 멋있는 말로 하면 관계들의 관계를 생각하는 '메타'적인 연산이다.

그래서 진짜 새롭고 신기한 연산은 합성함수 정도다. 합성함수를 다루면 많은 학생들이 꽤 어려워하는데 사실 당연한 일이다. 그리고 처음 배우는 연산은 원래 어렵고 힘들다.

곱하기를 처음 배울 때를 생각해 보면 엄청 힘들었을 거다. 그놈의 구구단 외우는 게 어찌나 귀찮고 짜증 나고 싫었던지! 곱셈을 처음 배울 때처럼 노력하면 합성함수도 할 수 있다.

고등학교 졸업할 때까지 총 7가지 연산만 마스터하면 된다.
포기하지 말고 딱 3종류, 7개만 해 보자!

연산이라는 규칙

고등학교 1학년 수학 수업 시간이었다.
누군가 교실 앞문을 똑똑 두드린다.
"엄 선생, 수업 끝나고 잠깐 나 좀 보세."
칠판에는 '2+3=3+2'가 쓰여 있었다.
엄 선생님이 수업을 마치고 교장실에 가자마자 교장 선생님의 호통과 질책이 이어졌다.

"아니, 대학 가야 할 아이들을 데리고 대체 뭘 가르치고 있는 겁니까? 2+3=3+2 같은 걸 대체 왜 하는 겁니까?"

이런 질책을 받고 엄 선생님은 너무 황당해서 제대로 대꾸도 못 하고 교장실을 나왔다고 한다.

이 이야기는 아주 예전에 웃픈 이야기로 수학 교사 모임에서 들었던 이야기다. 엄 선생님은 〈실수의 연산〉 수업을 하셨던 건데 이 부분이 교육과정에서 빠지면서 그냥 쓸쓸한 이야기가 되었다.

이 이야기가 서글픈 이유는 수학에 있어서 연산 자체를 의심하고 그 특성을 탐구하는 일이 정말 중요한 일이기 때문이다. 다른 사람들이 보기에는 오히려 엄 선생님이 이해가 안 가고 교장 선생님께 감정이입을 할지도 모르겠다. 하지만 죄다 수학 교사만 모인 우리는 그 자리에서 이 이야기에 놀라고 슬퍼하고, 교장 선생님의 무지함에 경악하고, 설마 웃자고 좀 과장된 이야기겠거니 했다.

그런데 그 후로 〈실수의 연산〉이 통째로 교육과정에서 빠지면서 교환법칙, 결합법칙, 항등원, 역원 같은 연산의 성질을 학교에서 다루지 않게 되면서 정말로 저 이야기가 웃기는 이야기가 아니라 슬픈 이야기가 되어 버렸다. 연산의 성질을 다루는 게 학생들에게 불필요하다고 공인되어 버린 것이다.

대학에 가고 나면 수학은 필요 없다고 믿는 사람이 그렇게나 많은데 우리는 왜 학생들에게 수학을 가르치는가? 왜 국가교육과정에 수학은 필수인가? 교육과정 문서나 해설서 그리고 다양한 공적인 문서들에서 수학을 가르치는 가장 중요한 목적은 학생들에게 '수학적 사고력'을 길러 주는 것이다. '빠르고 정확하게 정답 맞히기'는 당연히 수학 과목의 목적이 아니다. 그건 컴퓨터가 제일 잘한다.

단순 계산은 수학이란 과목을 제대로 다루기 위한 도구이지 그 자체로 우리가 추구해야 하는 목표는 아니다. 다만 수학적 사고력, 논리적 사고력이라는 말을 뜬구름 잡는 이야기로 받아들이다 보니 결국 정확한 계산만 자꾸 시킨다.

하지만 중요한 건 계산이 아니라 '무엇을 논리적이라고 할 수 있는가?'를 아는 것이다. 우리는 $2+3=3+2$를 수학적이고 논리적이라고 받아들이지만 $2 \div 3 = 3 \div 2$는 논리적이지 않다고 생각한다. 왜 그럴까?

"그냥 원래 그렇잖아요."

틀린 말은 아니지만 조금 아쉽다. 나에게도 아쉽고, 아이들은 화를 내고 포기하게 된다. '그것이 성립한다'고 하는 건 수학적 지식인 게 맞지만 수학적 사고방식은 아니다. '수학적 사고'가 되려면 언제, 어떻게 성립하는지를 설명할 수 있어야 한다. 놀랍게도 '왜?'가 아니다. 생각보다 '왜?'라는 질문은 도움이 되기보다 방해가 되기 쉽다.

연산은 이해하는 게 아니다

수학에서 아이들이 규칙을 받아들이기 불편해하거나 어려워할 때 내가 자주 하는 비유가 있다.

'축구에서 왜 손을 쓰면 안 되지?'를 고민하는 축구 선수가 있을까?

축구 선수는 축구에서 왜 손을 쓰면 안 되는지 이해하지 않는다.

수학에서 대부분 연산은 '축구에서는 손으로 공을 건드리지 않는다'는 규칙에 가깝다. 축구를 하면서 '멀쩡하게 달린 손을 왜 안 써야 하지?'라고 끊임없이 의문을 품고 그걸 이해하려고 하면 당연히 이해가 안 되고 고통스러울 수밖에 없다.

그냥 손을 쓰지 않는다는 규칙을 받아들인다. 그리고 그 규칙을 어떻게 적용하는지, 그러니까 어떻게 써먹는지를 고민한다. '그러면 머리로 공을 튕기는 건 되나? 가슴은?' 이런 고민을 하고 적용해 본다. 이런 부분이야말로 고민하고 이해해야 하는 부분이다.

그런데 생각보다 많은 사람들이 '축구에서 왜 손을 쓰면 안 되지?'라고 묻는 걸 창의적인 것이라고 생각한다. 그럴 수도 있지만, 대부분은 그냥 방해다. 수업 방해든 스스로의 공부를 막든 그냥 방해다.

'손을 쓰지 않는다'는 규칙을 깨고 다른 규칙을 만들면 안 되냐고? 되기야 된다. 다만 손을 쓰면 그건 더 이상 축구가 아니라 핸드볼이나 농구가 된다. 수학에서도 다른 규칙을 쓰면 그건 원래 배우려던 연산이 아니다. 연산이나 표기법 등의 규칙들을 중학교에서는 '이건 약속이야.' 이런 식으로 많이 설명하고 지나간다. 그러면 아이들은 또 혼란스러워 한다. 수학은 이해하는 과목이라면서 왜 이렇게 약속이라는 게 많은지 외우라는 건지 이해하라는 건지 혼란스러워한다.

연산은 이해하는 대상이 아니라 휘두를 수 있는 규칙이자 도구일 뿐이다. 상황에 안 맞으면 도구를 바꾸듯 상황에 따라 얼마든지 바꿀 수 있는 도구이다. 그 도구를 뜯고 해부해서 구조를 이해하려고 하지 말고 어떻게 휘두를지를 고민해야 한다.

다시 2+3=3+2 이야기로 돌아가면 엄 선생님이 여기서 하고 싶었던 이야기는 교환법칙에 대한 이야기이다. 덧셈은 교환법칙이 성립하는 연산이고, 자연수는 그런 덧셈에 대해 닫힌 집합이다.

수학은 복잡한 계산만으로 이루어진 학문이 아니다. 당연한 연산을 그대로 받아들이지 않고 그것에서 가장 단순하고 핵심적인 성질을 의심하고 정리해서 가장 확실하고 단순하고 정확한 형태로 추출해 내는 것도 수학이다. 그리고 놀랍게도 그 가장 단순해 보이는 방식이 더 복잡한 문제, 예컨대 다변수 방정식의 해법을 제공하기도 한다.

이런 의미에서, 그리고 개인적으로 항등원 개념 없이 학생들에게 지수, 로그 등을 가르치는 게 힘들어서 〈실수의 연산〉이 교육과정에서 빠진 게 나는 무척 슬프다.

3. 문자와 식

어떤 곳이든 활약할 수 있어서 나는 강해. 모든 것을 아우르고, 머릿속의 생각을 바꿀 수 있는 **일반화**와 **추상화** 능력 때문이지!

아무거나 될 수 있는 수 : 일반화와 추상화

"선생님, 이건 수학이 아니에요! 영어잖아요, 영어!"

중학교에 올라가서 '문자와 식'을 배우면 수학 교과서에서 숫자가 점점 사라지고 x, y, a, b, c 같은 알파벳이 페이지를 가득 채운다. 그러다 보면 한 번씩 저렇게 귀엽게 투정 부리는 학생들이 등장한다.

사실 이런 문자의 사용이 바로 수학의 핵심이자 능력이다.

특정한 수, 정해진 수가 아니라 이것도 저것도 될 수 있는 수, 다른 수들을 대표하는 수라는 개념이 어색하고 불편하게 느껴질 수 있다. 피아제가 말했듯이 다루는 대상을 일반화나 추상화시키는 건 고차원적이고 어려운 관념이기 때문이다.

문자로 쓰여진 수가 명확하지 않고 애매하게 보일 수 있다. 그리고 숫자에서 문자로 넘어가는 변화가 불편할 수도 있다. 어쨌든 1이나 -3, $\frac{2}{5}$ 같은 정해진 수가 아니라 x, y, a, b, c 같은 문자를 사용하면 언제든지 그 안에 들어가는 수를 바꿀 수 있다. 좀 더 다양한 상황에 적용할 수 있는 규칙을 서술할 수 있게 되어 추상적이고 일반적인 사고, 그러니까 여기든 저기든 모든 곳에 적용할 수 있는 논리를 발전시키게 된다.

그런데 1, 2, 3, 4, 5 같은 자연수만 해도 따져 보면 추상적인 대상이다. 사과 2개가 그려진 그림과 사탕 2개가 그려진 그림을 모두 숫자 2로 표현하는 과정도 사실은 쉽지 않았다. 사과 한 알도 하나이고, 빵 한 조각도 하나다. 하지만 빵과 사과 각각 하나씩 합쳐서 2개를 생각하는 건 또 다른 문제다. 그리고 사과를 4조각으로 쪼개기도 한다. 그랬다가 또 다 모아서 샌드위치 하나가 되기도 한다. 생각보다 1개, 2개 같은 걸 생각하는 건 어려운 문제다.

주입식 교육의 폐해 → 틀에 박힌 사고방식

똑같이 생각하는 사람이라면 그 자리에 누구를 데려 놔도 된다. 그렇게나 비판받는 딱 저 공식처럼 틀에 박힌 사고, 다 똑같은 사고방식은 그냥 나쁜 것처럼 보인다.

그런데 꼭 그런 것만은 아니다.

생긱의 내용이 모두 똑같다면 소름 끼지고 무서운 일이나. 하시반 그냥 모두 같은 언어를 쓰는 거라면 어떨까? 생각의 방식, 생각의 틀은 어느 정도 공유해야 소통이 가능하고 협력이 가능해진다.

한국어밖에 모르는 사람과 아프리카의 줄루어밖에 모르는 사람이 만나서 과연 얼마나 잘 협력할 수 있을까? 오해 없이 안 싸우고 협력하는 게 가능할까?

수학은 기호와 문법을 극도로 추상화시키고 일반화시켜서 서로 오해 없이 같은 언어로 소통할 수 있도록 해 준다. 각자의 독특한 특징을 지우고 지워서 가장 일반적이고 추상적인 것만 남기면 보통 수가 남는다. 그리고 그 수의 특징마저 지우면 문자가 된다.

언제든 다른 것으로 교체될 수 있는 것은 특징도 없고 특별하지도 않기 때문에 오히려 규칙을 잘 설명하고 명확하게 보여 준다. 개별적인 수의 특징을 지우고 문자로 표현하면 연산의 성질 같은 '관계'가 도드라진다. 그래서 2나 3 같은 숫자만 가지고 보는 게 아니라 a, b 같은 문자를 써서 언제든 바꿀 수 있게 한다. 관계가, 공식이 도드라지라고.

추상화와 일반화는 비인간적이고 불편한 것 같지만, 한 번 도달하고 나면 다른 것들을 명쾌하게 설명하고 그래서 사람들을 오해 없이 소통하게 만든다. 그게 수학의 힘이고 그래서 수학이 중요하다.

아무튼 그래서 수학에서는 모든 수를 대신 표현할 수 있는 '문자'를 사용한다.

모르는 수 : 미지수

수를 문자로 바꿔 표현하는 '문자와 식'은 중학교에 와서 배우긴 하지만 뜬금없이 갑자기 등장하는 것은 아니다. 초등학교 때도 다른 수를 대체하는 형태, 모르는 수를 표현하기 위해서 어떤 수, 또는 ○나 □ 같은 형태로 계속 등장했다.

"수학 하는 사람들은 엄청 덤벙거리나 봐요. 답답해요!"

"왜?"

"만날 계산 틀려서 답 잘못 나왔다고 고치라 그러고, 종이가 찢어지고, 잃어버리고, 물을 쏟아 잉크가 번져서 안 보이고 그러잖아요. 내가 이러면 엄마한테 엄청 혼나는데!"

나도 답답하고 억울하다.

초등학교에서 방정식의 해를 찾는 문제를 내고 싶은데 방정식이라는 표현은 못 쓰니까 이렇게 저렇게 돌려서 문제를 만드느라 그런 걸까?

그런 문제들은 만날 틀리고 실수하는 이상하고 나쁜 사람이라는 안 좋은 이미지를 만들어서 아이들이 수학을 더 싫어하게 만드는 것 같다. 나도 그런 문제가 좀 덜 나왔으면 좋겠다. 뭔가 억울하니까.

아무튼 내가 모를 뿐이지 정해져 있는 것, 알고 싶은데 모르는 것, 그런 것들이 미지수가 된다. 생각해 보면 이건 정말 중요하다. 사람은 그냥 모르는 것에는 집중하기 어렵지만 x같이 뭐라고 딱 표현할 수 있게 되면 훨씬 더 집중하고 잘 다루게 된다. 그냥 모르는 걸 명확하게 표현만 해도 꽤 성공적이다. 그러니 모르는 상태에 너무 분노하거나 좌절하지 말자.

탐구는 모르는 걸 명확하게 하고, 그걸 찾아가는 거다. 그래야 연구고 공부다. 그래서 수학이나 물리에서 대단한 발견을 할 때는 함수나 방정식으로 그러니까 x나 y 같은 문자를 쓰면서 엄청나게 발전했다.

학년이 올라간다고 수학이 갑자기 막 달라지는 것이 아니다. 덧셈을 배운다고 하면 굉장히 쉬운 것 같고 초등학교 때 다 배운 것 같지만 아니다. 두 자리 수, 세 자리 수, 분수 이런 것들을 넘어서 다항식, 행렬, 아예 수가 아닌 것을 다루며 초등학교부터 대학교에 걸쳐서 우리는 덧셈이라는 규칙을 다루고 배운다. 하지만 다른 대상을 다룬다고 해서 그 모든 덧셈이 다른 것은 아니다. 덧셈은 여전히 덧셈이라고 부를 만한 규칙들이 성립한다.

때로 x보다 □로 바꿔 보면 갑자기 문제가 쉬워지듯이 서로 다른 대상이 아니라 예전에 다루던 그 규칙 그대로라고 생각하면 좀 더 쉬워질 수도 있다.

4. 규칙성과 함수

규칙과 패턴을 표현하는 **함수**야말로

미래를 알려 주는 **초능력**이야!

함수는 관계다

"수학에서 가장 중요한 개념 하나만 말해 봐. 3초 준다. 3! 2! 1!"

"함수!!!!!"

다른 답을 말하는 사람도 있겠지만 적어도 함수가 가장 중요하다는 말에 무조건 "그건 아니지."라면서 반대할 사람은 별로 없을 거다. 함수는 정말 중요하다. 엑셀 같은 스프레드시트 프로그램과 통계에도 함수가 쓰이고, 미적분을 다루는 경제수학이나 공학수학 같은 데서 중요한 건 말할 필요도 없다. 대학을 졸업하고 나서도 계속 수학을 유용하게 쓰는 사람이라면 숨 쉬듯이 함수를 써먹고 있을 거다. 진짜다.

> 사실 함수를 빼면 지금 현재 쓰는 수학은 아예 존재할 수가 없다.
> 현대 수학은 어떤 함수를 구성하느냐, 찾았느냐, 어떻게 활용하느냐 하는
> 문제로 거의 대부분 설명할 수 있다.

학교 수학 수준에서 함수를 요약해 보자면, 함수라는 건 두 가지 변수 사이에 있는 확실한 관계이다. 무슨 말인지 모르겠다고? 쉬운 거니까 도망가지 말고 조금만 더 들어 보자. 단순하게 말하면 함수는 하나를 알면 반드시 나머지 하나도 알 수 있게 해 준다. 그러니까 x만 알면 y도 알 수 있고, 반대로 y만 알아도 x를 알려 준다.

$F = ma$

뉴턴의 이 힘에 관한 식이 위대한 것도 비슷한 이유다. 힘과 질량을 알면 가속도를 구할 수 있다. 또 가속도와 질량을 알면 얼마만큼의 힘

이 적용됐는지 알 수 있다. 시간에 따라 달라지는 가속도를 이용해서 힘 역시 시간에 대한 함수로 표현할 수 있다. 코인 가격은 알 수 없어도 엘리베이터에 5초 뒤 작용할 힘이나 가속도는 예측 가능하다. 공기의 마찰이라든가 갑작스러운 외부의 힘에 의한 간섭이 적은 태양계 천문학에 특히 더 잘 들어맞아서 우리가 해와 달의 움직임을 예측하게 해 준다.

연산이 두 개의 수를 가지고 실제로 뭔가 해 보는 일이라면, 함수는 좀 더 일반적이고 포괄적이다. 비유하자면 연산이 연이와 산이가 서로 만나고 싸우는 하나하나의 개별적인 사건이라면, 함수는 연이와 산이는 '서로 사랑하는 연인이다'라는 관계를 규정하고 설명해 준다. 물론 함수는 그냥 관계가 아니라 특별한 관계이기 때문에 산이가 다른 사람

특별함 = 함수

과 데이트를 하거나 연이를 사랑하지 않으면 이 관계는 깨진다.

규칙성도 함수

두 변수 사이의 관계를 알려 주는 함수는 원인과 결과 사이의 관계를 표현할 때도 유용하고, 인과가 아니더라도 반복되는 패턴 같은 걸 명확하게 표현하는 데도 좋다.

인간은 인과 관계나 패턴, 규칙을 찾으려는 본능적인 욕망이 있다고 한다. 그러니까 어떻게 보면 잘 맞아떨어지는 함수를 찾아내려는 건 인간의 본능이다. 수학이 이렇게나 인간답다!

규칙이나 패턴을 찾는 건 수학에서 함수 또는 수열로 이어지는 기본적인 활동 중 하나다. 사실 수열도 함수다. 정의역이 자연수 집합인 함수. 그러니까 초등 수학의 〈규칙과 대응〉 영역은 함수라는 단어를 안 쓰고 초등학교 때 함수를 가르치기 위한 눈속임이다.

이 책을 읽는 독자가 고등학생이라면 "내가 초등학생 때 이런 걸 풀었다고?" 하면서 조금 놀랐을 수도 있겠다. 수열에서 보던 문제나 초등학교 때 풀었던 문제나 다를 게 없다.

다음과 같은 규칙으로 바둑돌을 늘어놓았습니다.
20째 모양을 만드는 데 필요한 바둑돌은 몇 개인지 구해 보세요.

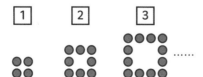

초등학교 때 배우는 규칙 단원에서는 수가 나왔다가 도형도 나오고, 성냥개비를 쌓거나 바둑돌을 늘어놓는 등 다양한 소재를 등장시켜 규칙을 찾으라고 한다. 그리고 수나 도형을 충분히 잘하는 아이라면 새로 배우는 개념 없이도 곧잘 답을 구한다.

입체도형에서 어려운 문제 역시 고등학교에서 배우는 수열이랑 크게 다르지 않다. 삼각뿔, 사각뿔, 오각뿔로 각뿔의 밑면인 다각형의 변이 하나씩 늘어날 때마다 꼭짓점, 면, 모서리의 수는 규칙적으로 늘어난다. 이런 규칙성에 정확하게 이름표를 붙이고 나열하면 그게 바로 수열이고 그래서 함수다.

수학적 사고 ≈ 함수

학년이 올라가고, 더 나아가서 수학을 잘 써먹으려면 당장 보이는 숫자나 도형을 생각하는 것보다 그걸 다루는 논리가 중요하다. 수학에서 말하는 논리가 곧 수학적 사고방식이니까 중요한 건 알겠는데 그래서 그게 뭐냐고? 그걸 가장 잘 보여 줄 수 있는 것들이 바로 관계식과 함수다. 숫자로 된 답을 적어 내는 게 끝이 아니라 관계식, 수학이 소통하는 방식을 한 번씩 정리하고 넘어가는 건 무척 중요하다.

그런데 여기서 또 고비가 있다. 채점을 해야 하는데 관계식이 여러 개다. 아직 함수라는 말을 쓸 수도 없고 쉬운 예제를 갖다 쓴다고 하다 보니 가능한 관계식이 많아져서 오히려 답이 여러 개인 애매한 상황이 된다. 조건이 명확하고 자세하게 딱 정해져야 경우의 수가 줄어드는데, 쉽게 만든다고 단순화시키고 조건을 줄이니까 나올 수 있는 관계식도 여러 개가 된다. "이것도 답이고 저것도 답이야." 하면 아이들은 좋아하는 게 아니라 안 중요하고 이상한 거라고 생각한다. 수학은 답이 하나여야 하는데! 아이들이 이렇게 반응하는 건 틀린 문제 개수에 집착하는 어른들의 잘못 아닐까?

수학 문제에도 답이 여러 개일 수 있다. 특히 초등 수학은 더 그렇고, 관계식은 더 그렇다. 관계식이 꼭 답지랑 똑같을 필요도 없다. 논리적이면 충분히 답이다.

수학이 너무 답답했다면, 내가 쓴 답이 답지와 조금만 달라도 다 틀리다고 생각한 건 아닌가 생각해 보자.

정확하고 올바른 규칙은 인간을 오히려 자유롭게 만든다고 믿는 사람도 많다. 위대한 철학자인 칸트가 대표적인 사람이다.

그런데 수학에도 무한한 자유가 있다고 생각하는 수학자들이 꽤 많다.

이상하다고?

수학에서는 논리만 맞으면 뭘 상상하고 뭘 만들어도 된다.

규칙과 대응 관계를 찾아내서 관계식으로 정리하는 것.
그게 바로 수학과 친해지는 지름길이다.

5. 도형

위상의 입장에서 보니까 원이나 사각형이나 다 똑같더라고.
원, 사각형, 삼각형 모두 끊어진 곳 없이 연결 상태가 같거든!

더 단순하게 발전하는 기하학

도형, 기하학.

이걸 생각하면 마음이 진짜 무겁다.

도형만 생각하면 속이 쓰린 친구가 있다면 수학 선생님 중에도 그런 사람이 있다는 게 조금이라도 위로가 되면 좋겠다.

17세기, 스피노자는 기하학적 방법으로만 세계의 진리를 표현할 수 있다고 믿었다. 그래서 세계의 진리를 설명하려고 했던 그의 책 『에티카』는 공준(공리), 정리, 증명으로 이루어져 있다.

뜬금없이 왜 또 옛날 사람 이야기냐고?

학교 수학에서 도형을 다루는 방식이 너무 독특해서 역사적인 이야기를 안 하고 설명할 도리가 없다.

정삼각형 그림은 사실 절대로 정삼각형일 수 없다. 그려진 선분에는 두께가 있고 그 두께도 미세하게 변할 것이다. 물론 미묘하게 각이나 선분의 길이에 오차도 있을 것이다. 영원히 변하지 않을 진리, 세상을 설명하는 아름다운 진리는 손으로 만질 수 있는 세상이 아니라 완벽한 정삼각형이 그려지는 아름다운 이데아의 세계에 존재하는 것이라고 믿던 사람들이 있었다. 그 사람들에게 기하학은 영원 불멸한 진리를 알려 주는 숭고하고 아름다운 세계였다.

고대 그리스의 유클리드가 『원론』을 쓰기 전부터 기하학을 숭고하게 떠받들던 피타고라스 학파가 있었다. 그리고 17세기까지도 도형을 다루는 기하학의 체계는 고대 그리스로부터 크게 변하지 않은 채로 다양한 문제만을 남기며 이어졌다.

그러다가 데카르트가 고안한 좌표계를 이용한 해석기하학도 나타나고, 비유클리드 기하학도 등장하고, 위상수학도 나온다.

그냥 옛날 이야기만 나열해 놓고 뭐가 이상하냐고?

그야 기하학은 독특하니까.

정수론이나 수치 해석 쪽은 큰 수나 많은 수, 풀기 어려운 수 쪽으로 발달했고, 학교 수학도 비슷한 방향으로 내용이 진행되어 왔다. 그런데 기하학은 오히려 반대로 발전했다. 더 복잡한 도형보다는 점점 더 단순한 것, '빼도 빼도 뺄 수 없는 핵심이 무엇이냐?'는 쪽으로 학문이 발전했다. 삼각형에서 사각형, 오각형 이런 방식으로 발전하는 게 아니라 삼각형, 선분, 만나는 점과 같이 오히려 더 기본적인 것, 도형을 도형으로 만드는 것이 무엇인가? 무엇을 같은 것이라고 말할 수 있는가? 빼도 되는 것은 무엇인가? 이런 질문으로 발전해 온 것이다.

삼각형과 사각형을 위상 동형으로 같다고 묶어 버릴 수 있는 수학인 위상수학도 등장했다. 좀 더 이해하기 쉽게 비유하자면 축구를 포기하고 농구나 야구를 하겠다고 규칙을 의심하다가 아예 없애 버리고 그냥 공놀이라고 다 묶어 버리는 순간에 기하학은 발전했다.

그렇게 삼각형의 세 내각의 합이 180°를 넘거나 작은 비유클리드 기하학도 생기고 위상수학도 생겼다.

삼각형과 원에 멈춘 학교 수학

그런데 학교 수학에서 배우는 기하학은 좀 다르다. 처음에는 선분의 개수나 꼭짓점의 개수를 세다가 점점 평행선의 성질과 삼각형의 성질, 외심, 내심, 원의 성질 같은 것을 배우고, 상상하기도 힘든 보조선을 정확히 그려야만 풀 수 있는 복잡하고 꼬여 있는 문제로 점점 나아간다. 그 복잡한 문제의 정점을 중학교 2, 3학년 때 딱 찍고 갑자기 사라진다. 그러고 나서 고등학교 수학과는 제대로 이어지지 않는다. 확실하다고 믿는 그 정리나 내용을 의심하고 확인하고 지워 보는 정말 기하학적인 훈련은 학교에서 할 수 없다.

직교좌표계를 배우고, 좌표평면에 직선, 원을 방정식으로 표현하기 시작하면 더 이상 유클리드의 기하학이 아니고 데카르트의 해석기하

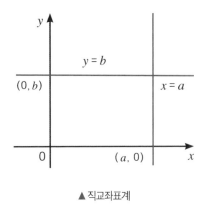

▲직교좌표계

학을 다루게 된다. 그런데 해석기하학은 미적분을 포함하는 해석학 분야에 가깝고 기하학이라고 하기에는 좀 어색하다. 그렇게 고등학교에서 다루는 기하학은 중학교 도형과는 매우 달라진다.

그런데 요즘에는 교육과정이 바뀌어서 사인법칙 같은 삼각비 관련 내용을 고등학교에서도 꽤 나중에 배운다. 그래서 그나마 삼각함수 단원에서 좀 더 직접적으로 중학교 수학의 도형 내용을 쓰긴 한다. 그래도 상상도 못 하겠는 위치에 보조선을 그어야만 풀 수 있는 문제는 학년이 올라갈수록 점점 사라지긴 한다. 삼각함수의 응용 단원을 빼면 정말 그놈의 보조선 문제는 거의 없어진다.

수학을 포기했다가 다시 수학에 도전해 보겠다는 학생들을 가끔 만난다. 고등학생이지만 중학교 수학부터 다시 하겠다고 결정하는 걸 보면 진짜 멋있다. 여기서 내가 줄 수 있는 도움은 어릴 때 못 풀었던 어려운 문제, 특히 이상한 도형 문제에 집착하지 말고 예제와 유제 위주로 빠르게 복습하라는 말을 해 주고 싶다. 특히 도형 부분은 더욱.

삼각형의 내심이나 외심, 원주각, 중심각을 따지는 어렵고 복잡한 도형 문제는 고등학교부터는 단독으로 안 나온다. 대신에 삼각형 따로, 원 따로 단원별로 깊게 어렵게 나오던 게 합쳐지고 섞여서 상상도 안 가는 단원에 붙어 나온다.

확률과 통계에서 나올 수도 있고, 지수함수나 미적분에 붙어 나올 수도 있다. 뭐가 어디에 붙어 나올지 모르니까 그때 배운 성질이나 정리를 다 외우고 있어야 그걸 떠올리고 적절한 곳에 써먹을 수 있다. 그러니까 중학교 때 배운 내용이 더 어렵게 발전된 형태로 고등학교때 나오는 게 아니라, 다 까먹은 정리가 뜬금없이 나온다.

도형뿐만이 아니다. 이전 학년 걸 복습하는 건 수학 공부에 항상 도움이 된다. 다만 이전 학년 내용을 복습할 때는 난이도 최상, 별 3개 이런 맨날 틀리고 고통받았던 문제보다 중심 내용 위주로, 예제와 유제 위주로 복습하는 게 좋다.

도형 단원을 생각하면 마음이 항상 무겁다.

개인적으로는 교육과정에서 행렬이나 이산수학, 알고리즘을 다시 넣고 유클리드 기하학의 비중을 낮추는 것이 세계적인 추세와 요즘 시대에 더 맞다고 생각한다. 선형 대수학이야 말할 필요도 없이 이공계의 필수 소양이고, 코딩이 점점 중요해지는 시대에 이산수학과 알고리즘은 프로그래밍적 사고를 구성하는 기본 틀이다. 그나마 현대에서 당장 필요로 하는 수학이 교육과정에서 빠지고 상대적으로 유클리드 기하학의 비중만 더 늘어난 것 같아서 안타깝다.

PART

4.

쉬운 길은 없지만 넓은 길은 있다

수학을 포기하게 되는 건 수학을 못해서가 아니다. 수학이 극복할 수 없는 문제라고 생각하면 포기하게 된다.

'또 틀렸어'가 아니라, '왜 틀렸는지'를 궁리해 보자. 계산이 틀렸으면 고치고, 공식을 잘못 적용했으면 맞게 적용하고, 개념을 잘못 이해했으면 제대로 이해하면 된다.

정말 수학 공부를 할 거라면, 다시 노력할 거라면 할 수 있는 것부터 하면 된다. 좌절만 빼고.

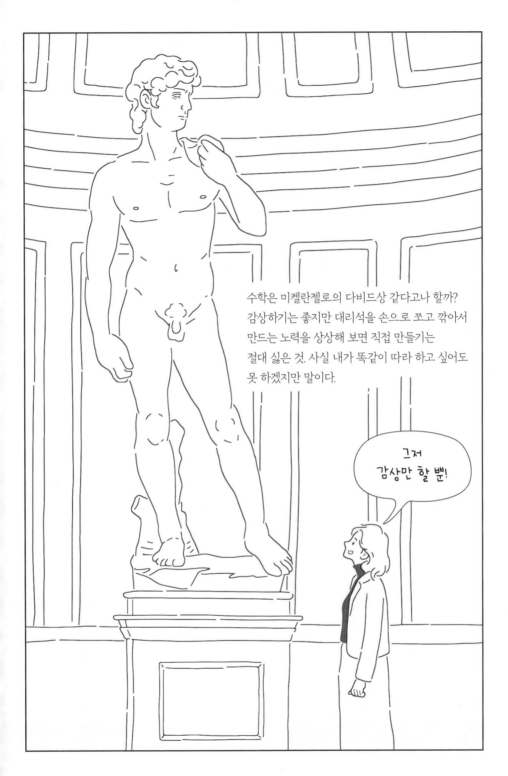

수학은 미켈란젤로의 다비드상 같다고나 할까?
감상하기는 좋지만 대리석을 손으로 쪼고 깎아서
만드는 노력을 상상해 보면 직접 만들기는
절대 싫은 것. 사실 내가 똑같이 따라 하고 싶어도
못 하겠지만 말이다.

그저
감상만 할 뿐!

1. 너만 뒤처진 게 아니야

수학을 포기해야겠다고? 수학에서 모든 걸
이해해야 한다는 오해를 버리고 다시 한 번 시작해 보자.

그냥 모르겠어

"우리 아이가 수업을 들어도 하나도 모르겠대요. 어쩌죠?"

하얗게 질린 엄마의 얼굴을 마주하면 나부터 명치가 묵직하게 쓰리고 아프다. 만성적으로 달고 있는 위염이 도져 입안에서 신물이 느껴지는 것 같다.

이렇게 혼란과 고통에 빠진 고등학생 학부모님과 마주하는 일이 자주 있다.

이 이야기를 왜 하냐면, 혹시 수학을 잘 모르겠는데 아직 그래도 수학 점수가 나오는 상황이라면 꼭 어른들과 대화를 해 보라고 하는 이야기다. 지금을 놓치면 나중엔 더 어렵다. 엄마를, 아빠를, 선생님을 충격과 공포에 빠뜨릴 생각이 아니라면 좀 부끄럽고 힘들어도 미리 이야기 좀 하자.

아무튼 갑자기 아이가 던진 폭탄 이야기를 좀 더 해 보자.

엄마는 아이가 학원에 다니거나 과외를 하면서 어떻게든 수학 공부를 하는 줄만 알았다. 만족스럽진 않았지만 성적도 그럭저럭 나오긴 했었다.

"언제부터였니?"

"몰라. 계속 그랬어. 무슨 소리인지 모르겠어."

갑자기 수학 선생님이 하는 말이 이해가 안 되는 순간이 닥친다. 그렇다고 성적이 바로 떨어지지는 않는다. 친구들도 다들 잘 모르고 이해가 안 된다고 공감한다. 모르는 채로 푼 것 같은데 대충 답은 맞고 또 점수는 나온다. 그렇게 시간이 흐른다. 원래 수학은 그런 건가 싶어서 굳이 부모님에게 말하고 싶지는 않다. 괜히 말했다가 혼나거나 숙제만 늘어날 것 같다.

수학으로 타인과 소통하기 전에 먼저, 수학과 나 자신도 소통이 되어야 한다. 그런데 수학과 어떻게 소통해야 할지 아이에게 설명해 주고 수학을 바라보는 관점을 바꿔 주는 사람이 아무도 없는 채로 무식하게 기계적으로 문제집과 씨름만 하다 그렇게 시간이 흘러가 버리는 것이다. 그러다 갑자기 수학 성적마저 와르르르 무너지는 때가 온다.

'그래, 이런 날이 인젠가 올 줄 일았어.'

마음속으로는 진작부터 이런 결말을 예상하고 있어서 차라리 안도감 같은 포기가 찾아온다. 그렇게 아이는 수포자가 된다.

이 책의 앞에서 왜 수학이 어려운지, 그래서 수학이 어떤 내용을 다

루는지도 이야기했지만 그래도 여전히 "그래서 뭘 어떻게 하라고? 난 수학을 이미 포기했는데?"라고 외치는 친구들이 분명히 있을 거다.

그러지 말자.

정말로 그러지 말자.

친구와 싸워도 화해하고 다시 친해지듯이, 수학에 등 돌리는 순간이 왔더라도 되돌아갈 수 있다. 누구에게나 한 번씩은 어떤 단원의 어떤 구석에서는 이해가 안 되고 턱 막히는 순간이 온다.

만날 수학을 만점 받는 저 친구에게는 그런 순간이 없을 거라고? 아니다. 대학 가서 양자역학을 배우면서라도 그런 순간이 올 것이다. 양자역학까지도 쉽게 할 친구라면 축하한다!! 그런 세기의 대천재를 너의 친구로 만난 것에 기뻐하고 그 친구와 친하게 지내길 바란다. 일반적으로 생각하는 천재, 영재 이런 친구들에게도 어느 순간 벽에 막힌 듯 수학이 이해 안 되는 순간들이 온다. 그러나 또 그렇게 지나간다.

> 누구에게나 '그냥 모르겠어.'라는 순간은 온다. 그냥 모르겠다는 게
> 끔찍하게 잘못된 일도 아니고 극복할 수 없는 문제도 아니다.
> 중요한 건 '수학에서 모든 걸 이해해야 한다.'는 오해를 버리는 것이다.

제발 좀, 그만

☑ 수학 강박증을 버리자!

"선생님, 진짜 수학 문제집을 10권씩, 아니 100권씩 풀어야 해요?"

"선생님, 수학 내용을 다른 사람한테 완벽하게 설명할 수 있어야 제대로 된 수학 공부를 한 거라면서요?"

"선생님, 〈쎈〉이 좋아요? 〈자이〉가 좋아요?"

"공부가 되는 날 하루에 몰아서 진도를 팍팍 빼 버려야 하는 거 아니에요?"

"시험 때 어려운 문제부터 풀어야 뇌가 활성화돼서 문제를 더 잘 푼다면서요?"

미안히다. 더 충격적인 예시를 들고 싶은데 너무 황당해서 충격만 남고 구체적인 내용은 다 까먹었다. 수백 번씩 들었던 흔하고 뻔한 이야기만 머리에 새겨져서 남아 있다.

아무튼, 수포자는 차고 넘치고 수학만 생각하면 불안하고 초조해하는 사람을 너무 쉽게 찾을 수 있다 보니 '어떻게 하면 수학을 잘할 수 있는가?'에 대한 팁들이 너무 많다. 정말 기상천외하고 상상도 못 한 방법들도 이것저것 나오고 매년 유행도 바뀐다. 맞는 것도 그만큼 많지만 어떤 사람도 그걸 다 할 수는 없다.

결국 남의 말은 남의 말이다.

그러니까 좀. 그만하자.

그런 온갖 잡다한 방법을 듣다 보면 진짜로 정신이 나갈 것 같다. 욕먹을까 봐 조금 두렵기는 한데, 솔직히 나의 진심은 '제발 좀 그런 말에 휘둘리지 마세요.'다.

손을 자주 씻으면 좋다. 하지만 손을 씻고 또 씻고 또 씻어서 피부가 벗겨져서 벌건 생살이 다 드러날 정도로 손을 씻는 건 강박이다. 내가 미치고 팔짝 뛰는 건 손을 그렇게 씻으면 누구나 강박인 걸 아는

데, 수학 문제를 그렇게 푸는 건 강박이라고 아무리 이야기해도 아무도 인정하지 않고 듣지도 않는다.

수학 문제를 지나치게 푸는 것도 강박이다. 그런데 진짜로 심각하게 많은 학생과 학부모들이 그런 강박을 가지고 있다.

"다들 이 정도는 하지 않나요? 쟤는 더 많이 푸는데요?"

하루에 잠을 4시간도 안 자고 주말에도 쉬지 않고 수학 문제를 풀면서 다들 그렇게 한다고 생각하면 그건 정말 강박이다. 옆에 쟤도 그런다고? 걔도 강박이다. 성장기 어린이와 청소년이 수면을 줄여서 좋을 게 하나도 없다. 그리고 평범한 생활을 하는 학생들이 오히려 '나는 노력이 부족해서 수학을 못 하나 봐.'라는 생각을 갖게 만든다.

그런데 이런 이야기를 하면 솔직히 무섭다.

"엄마, 이거 봐요! 수학 문제 너무 많이 풀어도 안 좋다잖아요!"

이러면서 애들이 이 책을 들고 엄마에게 뛰어가고, 그걸 본 어머니들이 이 책에 화낼 것 같다.

그래서 해명을 좀 덧붙이자면 수학 문제를 안 풀어도 된다는 소리가 아니다. 수학 문제를 많이 풀수록 좋은 건 맞다. 다만 성장과 다른 생활에 지나친 방해가 될 정도로 강박적으로 문제만 풀면 안 된다는 소리다.

공부법도 마구잡이로 계속 찾고 바꾸는 것도 문제다. 차라리 그 시간에 한 문제를 진득하게 붙잡고 '이걸 다르게 푸는 방법은 없을까?'를 고민하는 게 백배 낫다.

어딘가에는 마법같이 수학 성적을 올려 주는 공부법이 있지 않을까? 하고 끊임없이 찾아다니는 모습도 일종의 강박증처럼 보인다.

☑ 지름길이 없다는 걸 인정하기

세간에 떠도는 그 많은 공부팁들 대부분은 그럴싸하다.

학습심리학과 인지심리학 수업 시간에 들었던 나름대로 근거가 있는 내용도 많다. 그런데 그런 팁들과 광고가 나쁜 건 맞는 말이 많아서이다. 그럴싸하고 대강 다 맞는데 교묘하게 이상하거나 오히려 해가 되는 내용도 섞여 있기 때문이다.

핵심은 이거다. 어떤 기억법, 학습법, 공부법, 시험을 잘 보는 방법도 '확률'의 문제다. 운빨이라는 거다. 모든 사람에게 100% 적용되는 공부법은 없다. 아니 사실 있다. 반복. 어떤 방식이든 반복하면 뭐든 누구든 더 많이 기억한다. 그런데 그 반복조차도 사람마다 상황마다 내용마다 기억하는 정도에 대한 편차가 있다.

"짜잔! 이렇게만 했더니 수학 1등급이 됐어요!!!"

이런 기적 같은, 마법 같은 방법은 없다. 빠른 길, 지름길 같은 건 없다. 아니 있을 수도 있다. 단, 그걸 성공한 그 사람 한 명에게만 진실이다. 그게 나한테도 100% 먹힐 것이라는 보장은 없다. 김연아가 했던 훈련법을 똑같이 한다고 내가 김연아처럼 악셀 점프를 뛸 수 없다는 건 다들 안다. 알면서도 공부는 만점 받은 사람이 한 것처럼 하면 나도 성적이 오를 것이라고 착각한다.

수학을 잘하는 저 친구가 네가 모르는 어떤 특별한 비법을 알아서 그렇게 잘하는 게 아니다. 그런 비법을 찾는 시간에 네가 지루하다고 생각했던 작업들을 꼼꼼하게 쌓아 올린 것뿐이다.

그래서 어쩌라는 거냐고?

쉬운 길은 없지만 실패를 덜할 수 있는 넓은 길은 있다.

앞으로 설명할 방법들은 경험에 의거한 공부법들이지만 수학교육학위가 있는 수학 선생님들과 의논도 하고 어느 정도 합의할 수 있는 것들로만 추렸다. 그리고 학부 수준이지만 내가 쌓은 학습심리학 지식에 비추어 누구에게나 의미가 있으리라 생각되는 내용으로 간추렸다. 뇌피셜로 되는대로 마구 떠드는 건 아니다.

2. 수학은
아름다운 외국어이다

수학도 수와 기호로 된 언어야.
자, 소리 내어 읽고 수학의 문법을 외우며 공부하자!

수학도 암기 과목이다

☑ 수학은 외계어다!

수학을 아름다운 외국어라고 생각해 보자.

만날 수학이 너무 어렵다고 징징거리면서 나한테 화내지 말고 정말로 진지하게 수학을 아름다운 외국어라고 생각해 보자. 그게 너무 어렵다면 '아름다운'을 빼 보자.

- 수학은 외국어다.

이젠 좀 편해졌니?

이것도 이상하다고?

- 수학은 외계어다.

그럼 이건 좀 나을까?

수학을 내가 이해할 수 없는 세계에서 쓰는 언어라고 생각해 보자. 일단 지금보다 외울 게 훨씬 많게 느껴질 것이다.

왜?

외계어니까.

단어도 새로 외워야 하고, 문법도 새로 외워야 한다.

수학에서 '이해가 안 된다.'라는 생각이 든다? 이해가 안 되는 게 아니다! 이해하지 말고 외우자. 이해하는 게 아닌 걸 이해하려고 하니까 안 되는 거다.

외워야 되는 걸 안 외우고 이해가 안 된다고, 이해를 못 하겠다고, 스스로를 탓하고, 설명하는 사람을 탓한다. 그렇게 짜증 내고, 화를 내고, 좌절하다가 수학을 떠난다.

그럴 때 자기 자신에게 한 번 물어보자.

"나는 수학에서 외우려는 노력을 얼마나 했는가?"

수열의 합을 나타내는 기호인 시그마 $\sum$ 같은 새로운 기호가 나오면 외워야 한다. 당연히 로그와 미분, 적분 기호도 외워야 한다. 새로운 쓰는 법, 표기법이 등장하면 당연히 외워야 한다.

그런데 꽤 많은 학생이 당당하게 "이해가 안 돼요."라며 포기하려고 한다.

"알파벳 A가 이해가 안 돼요."

이상하다고?

정상이다.

A가 왜 A인지, 왜 그렇게 쓰는지, 어쩌다 그렇게 됐는지 이유를 찾아서 이해하려고 하면 될까? 아주 전문적인 언어학적 기원을 찾아가는 학자가 아니고서야 그런 질문은 별 소득 없이 끝나고 말 것이다. 새로운 알파벳을 배웠으면 그냥 외우고 쓰라는 대로 쓰면 된다. 수학도 마찬가지이다. 새로운 기호를 배우면 그냥 외우고 쓰면 된다. 거기엔 딱히 이해가 들어갈 틈이 없다. 그런데 이해가 안 된다고 울상이다. 나도 참 속상하다. 그냥 좀 외우면 안 될까?

☑ 암기와 이해 : 단어와 문법은 외우고 뜻은 이해하기

"외우라고요? 수학은 이해하는 과목 아니었어요?"

이해할 것도 있고 외울 것도 있다. 전부 다 이해하려고 하지 말라는 거다.

암기와 이해의 정확한 차이를 설명하는 건 꽤 어려운 일이다. 영어를 예로 들자면, 우리는 새로운 단어는 외운다. 하지만 영어라는

말 자체를 통째로 외워서 사용하는 건 아니다. 곰 인형을 눌렀을 때 'I love you'가 재생된다고 그 인형이 영어를 할 수 있다고 생각하지는 않는다. 영어라는 말을 하기 위해서 단어와 문법을 외우고, 필요하면 어구나 문장을 통째로 외우기도 한다. 그래도 영어로 말을 하려면 배운 문장만 되풀이하는 게 아니라 상황에 맞게 아는 단어를 조합해서 새로운 문장을 만들어서 쓸 수 있어야 한다. 그렇게 문장을 마음대로 구사할 수 있다면 우리는 그 사람이 영어를 안다고, 이해한다고 한다.

수학도 인간이 소통하기 위한 도구다. 그런 의미에서 수학은 언어와 굉장히 유사하다. 그런데 어떤 언어냐면 새로운 단어가 매우 적고, 문법이 무척 많고 엄격한 언어이다. 전혀 다른 문법 체계를 가진 언어를 처음 접하면 당연히 문법을 외우고 나서야 변형하고 마음대로 문장을 만들어서 쓸 수 있다.

예를 들어, $x \times x \times x$를 x^3이라고 줄여 쓰는 것이 바로 수학의 문법이다. 3을 왼쪽에다 쓰면 안 되고, 아래에 써도 안 된다. 그냥 그게 수학에서의 표기법이다. 이걸 꼭 왜 이렇게 써야만 하는지를 이해하려고 집착하면 당연히 이해가 안 된다. 저걸 그냥 문법, 규칙으로 받아들여야 한다. 그게 뭔가 불편하고 자연스럽지 않다면 외워야 한다.

많은 학생들이 '왜'를 고민하면 안 되는 지점에서 고민한다.

수학을 잘하는 학생들은 대부분 다른 방식으로 질문한다.

"왜요?", "왜 그렇게 되는지 이해가 안 돼요."라는 질문을 많이 하던 학생이 점차 성적이 오르면서 "그런 생각을 어떻게 해요?", "이건 어떻게 생각하는 거예요?", "이걸 어떻게 떠올리죠?" 이런 질문을 더 많이 했다. 그 흐름을 되짚어 보면 굉장히 인상적이었다.

수학에서도 의문을 품고 질문하는 건 좋다. 하지만 정말 공부가 되려면 올바른 방식의 질문이 언제야 하는지도 생각해 봐야 한다.

☑ 쓰자! 좀 쓰자고!

생각보다 수학에서 외우려는 노력을 안 하는 학생들이 정말 많다. "요즘 아이들은 인내심이 없어." 같은 고리타분한 소리를 하고 싶지 않은데 확실히 갈수록 학생들이 점점 수학에서 외우려는 노력을 덜 하는 것 같다.

예전에는 〈삼각함수 각 변환〉을 표로 정리해서 필통에 넣고 다니는 학생을 종종 봤는데 요즘에는 거의 보질 못한다. 보다 못해 내가 프린트한 종이를 주고 칸이라도 채우라고 하면 이런 질문을 받는다.

"책에 다 있는데 왜요?"

책에 있는 거지, 네 머릿속에 있는 게 아닐 텐데!

정말 그렇게 한 글자도 안 쓰면서 수학이 하나도 이해가 안 된다고 투덜거리면 진짜 속이 터진다. 그냥 좀 써 보기만 해도 훨씬 나을 텐데!

아니, 영어 단어 100개는 매주 외워서 시험 보면 그러려니 하면서 수학에서는 다섯 줄만 외우라고 해도 생난리가 난다. 정말 그럴 때마다 나는 너무 억울하다. 많은 것도 아니고 일주일에 고작 다섯 줄인데 뭐가 많다고 못 외우겠다고 난리인지 모르겠다. 그나마도 아예 외울게 없을 때도 진짜 많은데!

제발 교과서에 있는 개념 설명이나 정리들은 한 번씩이라도 꼭 읽어 보고 써 보자!

수학책을 읽자

☑ 수학 낭독

수학책을 소리 내서 읽어 본 적이 있니?

교과서든, 정석 같은 개념서든, 문제집이든 아무거나.

학습 목표든, 개념을 설명하는 문장이든, 문제든 아무거나 소리 내서 또박또박 읽어 본 적이 있니?

국어든, 영어든, 중국어든 뭐든 언어를 공부하면 눈으로 보거나 웅얼웅얼 대강 읽는 것 말고 또박또박 정확한 발음으로 소리 내서 읽는 활동이 중요하다는 걸 다들 안다. 눈으로만 보는 걸로는 그 언어가 요구하는 필수적인 능력을 충분히 습득할 수 없다.

수학을 언어라고, 내가 모르는 외국어라고 생각해도 이렇게까지 안 읽을 수 있을까? 그건 아닐 거다.

수학책을 소리 내서 읽어 보면 그 뜻이 좀 더 제대로 느껴진다.

십 년도 더 된 까마득한 옛날 일이다. 학원에서 중학교 2학년 강의를 할 때였다. 마침 문제가 매우 긴 응용문제가 있었다.

"이번 문제는 너희가 다 같이 소리 내서 읽어 볼까?"

그러자 그렇게 시끄럽던 교실이 거짓말같이 조용해졌다. 완벽한 침묵이었다.

나는 당황했지만 아무렇지 않은 듯이 다시 말했다.

"자, 7번 문제를 소리 내서 읽어 보자. 시작!"

다시 침묵.

나는 정말 당황했다. 학생들도 당황스럽다는 듯이 서로 눈을 마주 쳤다. 그 눈빛이 마치 '저 선생님이 왜 이상한 걸 시키지?'라고 말하는 것 같았다. 내가 메는 가방, 신는 신발 하나하나에 관심을 갖고 조잘조잘 말 많던 아이들이 입에 풀을 발라 놓은 것처럼 입을 꾹 다물었다.

지금도 그때 생각을 하면 식은땀이 난다.

그렇지만 나는 이후로도 여전히 학생들에게 문제를 소리 내서 읽으라고 시킨다. 다행히도 끔찍한 침묵만 교실을 떠도는 그런 일은 없었다.

부끄러운 이야기다. 나도 나 잘난 이야기만 쓰고 싶다. 그래서 굳이 여기에 쓰지 말고 빼 버릴까도 싶었는데 하지만 그만큼 나에게는 강렬한 경험이라서 '수학 공부를 어떻게 해야 하는가?'를 생각하면 항상 이 기억이 떠오른다.

사실 아직도 그 학생들이 왜 그렇게 소리 내서 수학 문제를 읽는 것에 강한 거부감을 나타냈는지 이해가 안 된다. 그래도 나름대로 추측해 보자면, 수학 문제를 소리 내서 읽는 건 공부에 불필요한 행동이라고 생각했을 것 같다.

요즘은 다행히도 소리 내서 수학 문제 읽는 것에 대한 거부감이 덜한 것 같다. 내가 처음 과외를 하고 학원 강사 일을 할 때만 해도 수학 문제를 풀면서 말소리를 내는 걸 부끄러운 일, 멋없고 이상한 일이라고 생각하는 경향이 심했다. 하지만 수학 스토리텔링, 수학적 의사

소통 이런 이야기들이 다뤄지면서 개선이 되긴 됐나 보다.

수학 문제를 소리 내서 읽어 봤니?
수학책을 소리 내서 읽어 본 적 있니?

수학 공부를 할 만큼 하는 것 같은데도 여전히 문제 푸는 게 어렵다면 스스로에게 저런 질문을 던져 보자.

☑ 잘 읽으면 이해도 잘된다

수학 강의를 애니메이션으로 만드는 회사에서 일한 적이 있었다. 수학적 내용의 기획과 감수 모든 부분을 다뤘는데 그때, 기획 회의를 할 때면 수학팀 내에서 의견이 안 맞아 만날 싸웠다. 정말 징그럽게 싸웠다. 그런데 유일하게 의견이 일치한 게 있었다.

— 문제를 소리 내서 끝까지, 한 글자도 빠짐없이 읽어야 한다.

그때 애니메이터나 경영지원팀에서 문제를 누가 듣냐며 '문제를 소리 내서 읽기'는 빼 버리자는 의견이 많았다. 왜냐하면 전문 성우들이 수학 문제를 잘 못 읽고 힘들어했기 때문이다. 그러다 보니 녹음에 시간도 많이 걸리고 수정 작업도 많았다. 하지만 수학팀이 문제는 반드시 소리 내서 다 읽어야 한다는 점만은 의견이 일치해서 결국 그 작업은 했다.

전문 성우들이 수학 문제 읽는 걸 어려워했다는 점이 의미심장하다. 수학을 잘 모르는 사람은 문제도 잘 못 읽는다. 반대로 말하면 문제라도 잘 읽는 사람은 수학을 잘할 가능성이 크다.

문제를 잘 풀고 싶다면 일단 문제부터 잘 읽어야 한다. 그런데 이상하게 수학 문제는 소리 내서 읽는 게 아니라 눈으로만 보려고 한다. 눈으로 보다 보면 대충 보고 놓치는 조건이 나오기도 쉽다. 소리를 내서 읽을 때는 앞 내용과 뒷 내용이 자연스럽게 빠짐없이 이어지면서 놓치는 내용이 적고 문제와 내용의 흐름을 이해하기 쉽다. 소리 내서 읽는 걸 들어 보면 이 아이가 문제의 맥락을 이해하는지 못하는지가 명확하게 드러난다.

수학 기호를 어떻게 읽는지에 대한 문제도 있다. 어떤 기호를 어떻게 읽는지 모르겠다면 그건 그만큼 공부가 부족한 거라서 다시 해당 내용을 찾아 확인해 봐야 한다.

$x < 3$을 어떻게 읽을까?

x는 3보다 작다.

정답이다. 주어가 종종 생략되는 우리말과는 다르게, 주어가 도치될 수 있는 영어와 다르게 별일 없으면 수학은 주어가 가장 왼쪽에 온다. 그러니까 $x < 3$를 읽는 방법은 x를 주어로 놓고 '작다'를 술어로 읽으면 된다. 복잡할 것도 고민할 것도 없이 간단하다.

그렇다면 $3 > x$는 어떻게 읽어야 할까?

이건 좀 고민해 봐야 한다.

그냥 왼쪽부터 3은 x보다 크다?

아니면 x가 주어여야 할 것 같으니까 x는 3보다 작다?

— 나는 내 곰돌이 인형이 정말 좋다.
이 문장은 평범하고 쉽다.

— 내 곰돌이 인형이 나를 너무 좋아한다.
이런 문장은 어떨까?

소설처럼 인형을 의인화시켜서 이야기를 만들려는 걸까?
그런데 이건 소설의 소재는 될 수 있지만 수학으로서는 나쁘다.
'나는 내 곰돌이 인형이 정말 좋다'일 때는 상상의 여지를 펼칠 필요가 별로 없다. 그냥 좋은가 보다, 그렇게 받아들일 수 있다. '나'라는 사람은 능동적이고 주도적으로 행동할 수 있으니까 마땅히 주어가 될 수 있다. 하지만 스스로 움직일 수 없는 인형이 주어라면 그 문장은 뭔가 불편하고 뒷이야기를 더 요구한다.
그런데 상상의 여지가 있는 건 수학에서는 별로다. 논리는 그러면 안 된다.
수학에서 마땅히 주어가 될 수 있는 건 변수 x다. 아무런 변화 가능성이 없는 3이 주어가 되는 순간 불편한 문장이 된다.
굳이 3을 주어로 쓰는 특별한 이유가 있을까? 아니면 그냥 아무 생각 없이 3부터 쓴 건가?
만약 아무 생각 없다 쪽이라면, 3 > x를 쓴 사람의 수학 실력도 함께 의심해 봐야 한다. 왜냐하면 그건 수학의 문법에 맞는 표현이 아니니까.

수학 문제를 소리 내서 읽으면 수학의 문법이 좀 더 자연스럽게
몸에 익는다. 수학이 편해질 때까지 소리 내서 읽어 보자.
정말로 수학 실력이 나아질 거다.

3. 뻔하지만 안전한 길

수학 실력을 올리는 기적 같은 비법은 없어.

위험하지 않은 안전한 길을 함께 가자.

넘쳐나는 공부 비법

세상에는 공부 잘하는 비법이 너무나 많다.

하지만 또 다들 그 방법들로 만족을 못 하고, 새로운 더 나은 방법을 찾는다. 기적을 기대하기 때문이다.

한때는 이렇게 했더니 점수가 잘 나오고 나랑 찰떡같이 잘 맞았던 공부법이 뒤통수를 때리기도 한다. 성적이 점점 떨어지는 학생 중에는 저학년 때의 공부 습관을 지나치게 고집해서 그런 경우도 있다.

학년이 올라가면 학습 내용이 당연히 변한다. 내용이 많아지기도 하지만 좀 더 복잡해지고 섬세한 구분을 요구한다. 아이들도 큰다. 몸만 크는 게 아니라 정신적으로도 성장한다. 더 잘 참을 수 있게 되고, 더 섬세하고 복잡한 것들을 다루며 고차원적으로 생각할 수 있게 된다. 그러니까 당연히 공부 방법과 습관도 그때그때 발달 상황에 맞춰서 바뀌어야 한다.

그래서 "수학 공부는 이렇게만 하면 됩니다!"라고 외치고 다니는 사람들을 나는 반쯤 사기꾼이라 생각한다. 학생의 나이에 따라서도, 상황에 따라서도, 심지어 단원별로도 무척 다르기 때문이다.

그러니까 여기서 말하는 내용이 뻔하다고 실망하거나 화내지 말아 줬으면 좋겠다. 여기 소개하는 방법이 이미 다 아는 것이라면 지금이라도 꼭 지켜서 해 봤으면 좋겠다.

다이어트는 몸에 좋은 영양소를 잘 챙겨 먹고, 불필요한 당분과 트랜스 지방 같은 나쁜 지방의 섭취를 줄이고, 운동을 열심히 하면 좋다는 걸 누구나 안다. 하지만 그래서 무엇을 먹을지 어떤 운동을 할지는 사람마다 상황에 따라 다르고 또 어렵다. 수학 공부의 왕도도 다이어트와 비슷하다. 결국 안전하고 제대로 된 방법은 뻔하고 지루하다. 하지만 그 뻔한 방법을 어떻게 실천하고 내 것으로 만들어 낼지를 이 책이랑 같이 한번 진지하게 고민해 주었으면 좋겠다.

나는 여러분이 빠르고 위험한 길보다 안전한 길을 즐기면서 걸어갔으면 좋겠다.

적당히 잘, 아니면 그냥

☑ 수학 불안부터 다스리기

"쌤, 수학 공부를 어떻게 하면 더 잘할 수 있을까요?"

"잘하면 돼. 적당히 잘."

"아, 쌔애앰!!"

사실 적당히 잘하면 된다는 게 제일 어렵다. 나도 안다. 그래서 어쩌라고? 노력하되 노력에 매몰되어 뭘 하는지도 모르면 안 된다.

너무 어렵다고?

답은 쉽다. 그냥 할 수 있는 것부터 차근차근하면 된다.

뻔한 이야기인데 지키기도 어렵고, 마음에 와닿게 하긴 더욱 어렵다. 그래도 나도 노력해 볼 테니 이 책을 읽는 여러분도 불안을 가라앉힐 수 있도록 좀 더 노력해 보았으면 좋겠다. 결국은 앞에서 다 했던 이야기다.

한 번에 너무 많은 문제를 풀거나, 너무 어려운 문제를 풀지 말고 기본 예제부터 차근차근 풀기. 그러다가 갑자기 문제가 너무 어렵게 느껴지면 다시 그 개념과 관련된 더 쉬운 예제부터 풀어 보면서 갑자기 어려워진 것, 달라졌다고 느끼게 한 게 무엇인가를 찾아내 보자.

"분명 앞의 예제까지는 이해됐는데 이 문제는 뭐가 다르지?"

이런 걸 스스로 알게 되면 다음 단계로 나아갈 준비가 된 것이다.

수학 공부를 열심히 안 하면서 무작정 잘하고 싶다고 생각하는 것도, 생각 없이 너무 많은 문제만 푸는 것도 다 불안 때문이다.

☑ 할 수 있는 걸 한다

모르겠다고, 불안하다고 무작정 문제만 많이 풀려고 하지 말고 제발 해야 할 걸 먼저 하자.

새로운 용어, 새로운 기호, 새로 나온 공식, 새로운 법칙 이런 걸 정확하게 외워야 한다.

예를 들어서 '근의 공식'을 외워 보자.

$$x = \frac{-b \pm \sqrt{b^2 - 4ac}}{2a}$$

이게 아니다. 이러니까 수학이 어려운 건데 그래서 뭐가 문제일까?

'이차방정식 $ax^2 + bx + c = 0$에서'라는 조건이 빠졌다.

이건 당연히 안다고?

나중에 미적분의 어려운 문제를 풀면 삼차, 사차함수가 복잡하게 섞여 나오고 근의 공식과 판별식을 쓰는 문제가 많이 나오는데 그때 정말 근의 공식을 언제 써야 할지 정확하게 구분할 수 있을까?

근의 공식을 처음 배우는 중학교 때야 헷갈릴 게 없고 판단할 것도 없으니 조건을 쉽게 지나친다. 다른 조건이 등장하지 않으니까. 그리고 그렇게 지나친 부분부터 수학이 어려워진다. 수학에서 주어진 조건들은 불필요한 건 하나도 없다. 항상 수학자들은 최대한 조건을 빼 버리고 일반적이고 더 넓은 이야기를 하고 싶어하니까. 그렇게 빼고 빼고 빼서 남은 게 교과서에 나오는 조건들이다.

그리고 당연하게도 조선의 역할은 또 있다.

a가 x^2의 계수라는 걸 알려 준다.

이런 정도는 당연히 안다고? 그래도 다시 한 번 확인하는 습관을 들이면 시험 때 갑자기 "머릿속이 하얘지고 하나도 기억이 안 나요." 같은 상황을 줄일 수 있다. 이런 부분을 정확하게 외우려는 노력이야말로 '기초 탄탄'이다.

☑ 틀려도 된다, 고치면 된다

수호와 수아가 〈삼각형의 성질〉 20문제를 풀었다. 그리고 둘 다 8문제씩 틀렸다.

수호는 8문제나 틀렸다며 자기는 역시 도형을 못하는 것 같다고 화를 냈다. 틀린 걸 다시 풀라고 할 텐데 8문제나 다시 풀 생각을 하니 짜증이 났다.

수아는 자기가 8문제를 틀렸다는 걸 몰랐다. 꽤 많이 틀린 것 같아서 세 보는 게 귀찮았다. 그래서 대체 왜 틀렸는지 문제 하나하나 확인해서 틀린 곳을 찾고 다시 풀어 봤다. 모르는 문제는 해설도 한 번

보고 혼자 다시 풀어 봤다.

두 학생의 차이가 뭘까?

수학을 잘하는 학생은 수학 문제를 풀면 항상 다 맞고 빠르게 풀 거라고들 생각한다. 꼭 그런 건 아니다. 과학고에서 수업하면서 놀랐던 게, 숙제를 내주거나 쪽지 시험을 보면 생각보다 아이들이 많이 틀린다는 거였다. 딱히 어려운 문제를 준 것도 아니고 그냥 교과서나 문제집에서 흔히 보는 유제 수준인데도 그랬다.

그런데 다들 신경도 쓰지 않았다. 더 재밌는 건, 그 안에서도 수학을 잘하는 학생일수록 오히려 몇 개를 틀렸냐에는 관심이 없었다.

"왜 틀렸지?"

이게 그들의 관심사였다. 계산을 틀렸는지, 공식을 잘못 적용했는지, 개념을 잘못 이해한 건지 스윽 확인해 보고 납득하면 그걸로 끝이었다. 학생들이 몇 개 틀렸는지를 확인하는 사람은 나밖에 없었다. 나 빼고 다 굉장히 쿨했다.

그런데 그 쿨했던 아이들이 진짜 몰라서 틀렸다 싶은 문제가 나오면 갑자기 돌변했다. 대체 어떻게 그 문제를 풀 수 있는지, 자기가 모르는 게 있는지 아니면 못 찾은 조건이 있는지, 그 유형에만 특별히 적용되는 신기한 요령이 있는 건지 방법을 알아내려고 집착했다. 틀렸다는 사실 자체보다 그래서 어떻게 해야 하는지에 집중했다.

수학에 스트레스가 심하고, 자기가 수학을 못한다고 생각할수록 몇 문제를 틀렸는지에 집착한다. 왜 틀렸고, 어떻게 고쳐야 하는지를 생각하지 않고 다음에 같은 문제가 나오면 '지난번에도 못 풀었으니 이번에도 틀리겠네.' 하고 또 포기한다. 아니면 문제를 맞히고 싶으니까 공식을 찾아보기도 한다. 그런데 공식을 찾아서 그걸 보면서 푼다.

공식을 정확하게 외우거나 유도해 보지 않고 그냥 보면서 문제를 풀다 보니 공식의 각 항이 뭘 뜻하는지 모른다. 그래서 문제가 조금만 꼬여서 나오면 어떤 공식을 써야 하는지, 공식에 뭘 넣어야 하는지 모른다.

수학을 포기하게 되는 건 수학을 못해서가 아니다. 수학이 힘들기만 하고 극복할 수 없는 문제라고 생각하면 포기하는 거다.

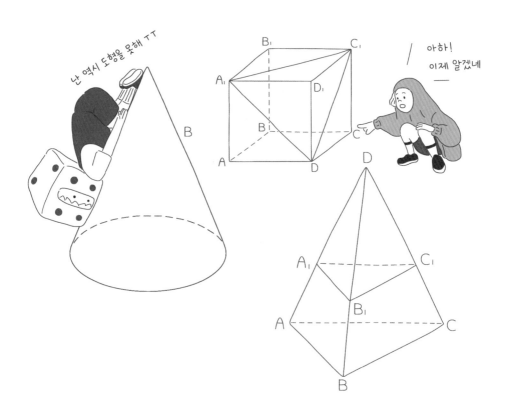

같은 문제집 5번 이상 풀기

☑ 누구나 할 수 있는 마법

공부법에 대해서는 조심스럽고 불편한데도 꼭 권하고 싶은 방법이 있다. 제발 새로운 문제집을 자꾸 사서 풀지 말고 있는 문제집을 반복해서 풀라는 것이다.

내가 만난 수학 선생님 대부분이 동의하는 수학 학습법이 있다면 이 방법 한 가지다. 세 권의 서로 다른 문제집을 푸는 것보다 한 권의 문제집을 3번 이상 반복해서 푸는 것이 효과가 좋다.

문제집 한 권만 풀어도 충분하다는 소리를 하는 게 아니다. 제대로 소화만 시켰다면 시험 성적을 올리는 데는 당연히 여러 권을 많이 풀수록 좋다. 그러나 잘 모르겠고, 어렵고, 이해가 안 되는 상태에서는 다음 문제집으로 넘어가지 말라는 것이다.

학생들을 가르치면서 관찰해 보면, 문제집을 한 번만 풀고 다른 문제집으로 넘어갔을 때 보통 같은 문제, 심지어 숫자까지 똑같은 문제인데도 많은 학생이 틀린 문제를 또 틀렸다.

그런데 전에 풀었던 문제집을 다시 펼치면 신기하게도 그 문제를 풀었다는 걸 기억하고 그걸 풀기 위한 전략 같은 걸 어설프게라도 기억해 냈다. 기억이 잘못되거나 틀린 때도 있었지만 어쨌든 뭔가가 조금이라도 더 남아 있는 것이 확실히 보였다. 그렇게 같은 문제집을 적어도 3번 정도 풀고 다른 문제집으로 넘어가면 그때부터는 동일한 문제가 다른 글씨체에 다른 색깔로 나와도 알아보기 시작한다.

☑ 진짜 해 보면 생각보다 별거 없다

한 문제집을 5번씩 풀라고 하면 학생들은 기겁하고 싫어하는데 진짜 해 보면 생각보다 안 힘들고 별거 없다. 예를 들어, 이미 교과서로 어느 정도 진도를 나가 기본 개념을 알고 기본적인 예제를 풀었다면 이렇게 문제집을 풀 수 있다.

1. 혼자 풀기
2. 채점하고 틀린 것 다시 풀기
3. 혼자 못 푼 문제를 선생님, 인강, 해설 등의 도움을 받아서 풀기
4. 혼자서 다시 풀기
5. 채점하고 틀린 것 다시 풀기

수업을 들어서 이미 어느 정도 개념을 배웠다면 일단 혼자서 문제집을 푼다. 풀 때 꼭 해야 하는 것 중 하나는 풀면서 아리송한 문제, 찜찜한 문제들에 반드시 표시해 두는 것이다. 별 모양을 그리든 물음표를 그리든 자기가 알아볼 수 있는 표식을 남겨 두면 된다.

그냥 풀기만 하면 자기가 무슨 고민을 했는지 기억을 못 한다.

기억난다고? 착각이다. 다시 찾아서 공부한 적 없다면 기억을 못 한 것이다. 그러니까 고민한 문제는 고민했다고 표시하자.

그리고 채점할 때 해설을 보거나 틀린 문제의 정답을 기록하지 않고 맞고 틀린 것만 정확하게 표시한 후 틀린 문제를 다시 푼다. 여기까

지가 2번 풀었다.

그러고 나면 혼자서 해결이 안 되는 문제들이 남았을 것이다. 이제부터는 혼자 끙끙거리면서 스트레스와 고통을 받지 말고 그냥 외부의 도움을 받는 게 좋다. 인류 역사는 혼자 힘으로 쌓인 게 아니다. 이쯤 노력했다면 도움을 받을 줄도 알아야 한다. 그리고 이 단계에서 포인트는 맞았더라도 아리송했던 문제들을 다시 한 번 선생님이나 해설, 또는 개념서의 도움을 받아 더 정확하게 내 걸로 만드는 것이다.

도움을 받았으면 그걸 내 것으로 만들기 위해서 다시 복습한다. 선생님의 풀이는 선생님의 풀이일 뿐 내 것이 아니기 때문에 내가 혼자 하다 보면 또 막힐 수 있다. 그러니까 기억이 생생할 때 반드시 복습을 해 둬야 한다. 그리고 그렇게 혼자서 다시 푼 것을 또 채점하고 틀린 것을 다시 푼다. 이렇게 혼자서 또 2번을 푼다.

혼자서 풀어 보고, 틀린 걸 반드시 다시 푼다. 또, 어떻게 푸는지 알 수 없어서 선생님, 인강, 해설 같은 외부적인 도움을 받았다면 도움을 안 받고 혼자서 다시 또 풀어 본다. 이 두 가지를 지키다 보면 한 문제를 자연스럽게 5번 이상 반복해서 풀게 된다. 사실 이렇게 보면 한 문제집을 5번 푸는 건 가장 기본적인 수준의 반복인 것이다. 그런데 이 정도 복습을 하지 않는 학생이 대부분이다. 진도에 치여서, 숙제에 치여서 한 번 풀고 나면 틀린 걸 복습하지도 않고 두 번 다시 쳐다보지 않는 것이다.

나는 그렇게 틀린 걸 복습하지 않고 그냥 '새로운 문제를 풀다 보면 되겠거니' 하는 마음가짐이 초등학교 때 지나치게 많은 문제를 풀면서 생긴 습관이 아닌가 싶다. 하지만 그런 방법으로는 고등학교 수학을 따라가기 힘들다. 반드시 틀린 문제를 어떻게 푸는지 알아보고 다시 푸는 되새김 과정을 거쳐야만 한다.

교과서도 웬만하면 시험 전에 5번은 풀어야 하는데, 이것도 사실 생각해 보면 당연한 횟수다.

1. 수업 들으면서 같이 풀기
2. 수업 후 24시간 이내에 혼자 복습하기
3. 수업 후 이틀 정도 지나고 나서 혼자 풀기
4. 채점하고 틀린 것 다시 풀기
5. 시험 전에 복습으로 다시 풀기

조금 다르다면 수업이 끝난 후 하루 이내, 가능하다면 두 시간 이내에 복습을 해 둬야 한다는 것이다. 수업을 들을 때는 어떻게 푸는지 알 것 같던 문제가 혼자서 풀다 보면 갑자기 여러 군데서 턱턱 막히는 경험이 있을 것이다. 두세 시간이 지나 버리면 기억력의 한계 때문에 수업 내용을 거의 잊어버린다.

그래서 가능한 한 수업을 듣자마자 잊어버리기 전에 혼자 복습해서 수학적 지식을 내 것으로 만드는 과정이 필요하다. 이 과정을 안 하면 수업 때 들은 내용이 기억에 남지 않고 그대로 휘발되어서 처음부터 다시 설명을 들어야 한다. 그리고 이 지식을 제대로 내 것으로 만들었는지를 확인하려면 시간이 좀 지나고 나서, 예를 들어 이틀이나 일주일 정도 후에 풀어 보면 알 수 있다. 생각보다 사람의 기억이 유지되는 기간이 짧아서 하루면 대부분이 휘발되기 때문에 이틀 뒤에 기억나는 내용이나 일주일 뒤에 기억나는 내용은 크게 차이가 안 난다고 한다. 그러므로 복습하고 이틀 뒤에도 그 내용이 기억난다면 시험 때도 기억할 가능성이 크다.

뼈대를 세우자!

공부를 정말 열심히 하는 학생들을 보면서 제일 안타까울 때는 공부의 체계가 하나도 없이 무작정 열심히만 할 때다. 어떤 경우에는 기가 막히게 시험에 안 나올 것 같은 것만 골라서 공부하고 중요한 내용은 시간이 없다고 하나도 안 본다.

수학은 학문적 구조가 확실한 과목이다. 그래서 시험 범위 정도는 그 구조를 쉽게 파악할 수 있다. 한마디로 뼈대를 쉽게 세워 볼 수 있다. 그러고 나서 그 뼈대에 다양한 유형의 문제로 내부를 채우면 된다.

어떻게 하면 되냐고?

① 목차를 보자
② 학습 목표를 보자

시험 보기 전에 문제집을 세 권 정도는 풀고 시험 보는 학생들에게 "그래서 이번 시험 범위에 들어가는 내용이 뭐니?" 하고 물어보면 대부분이 우물쭈물하고 제대로 대답을 못 한다. 그렇게 많은 문제를 풀면서 시간을 보냈는데 자신이 무엇을 익히기 위해서, 무슨 개념을 배

우겠다고 문제를 풀고 있는지 모르는 것이다. 그냥 기계적으로 문제를 풀기만 했기 때문이다.

달리기를 할 때 결승선이 어디인지, 목표 지점이 어디인지 모르고 뛰어가는 일은 없다. 그런데 왜 수학 공부를 할 때는 목표 지점을 확인하지 않을까? 도대체 왜?

목표도 모르고 뛰었다가는 엉뚱한 방향으로 가서 에너지만 낭비할 뿐이다. 그런데 공부만 하면 아무도 목표를 확인하려고 하지 않는다. 그냥 열심히 하면 자연스럽게 알게 되겠거니 하고 학습 목표를 확인하는 건 쓸데없다고 생각한다. 시간 낭비라고 생각하는 것 같은데 오히려 그래서 더 시간을 낭비한다.

시험 범위 전체의 학습 목표를 확인하는 데 시간이 얼마나 걸릴까? 한 단원만 딱 보면 아무리 생각을 곱씹으면서 읽어도 1분이 채 안 걸릴 것이다. 정신없이 문제를 풀다가 어느 순간 '순열' 문제인지 '조합' 문제인지 혼란에 빠지지 말고 교과서를 펴서 학습 목표를 보고 그 주제에 무슨 내용이 달렸고 어떤 예제가 있었는지 한번 확인해 보자. 혼란이 많이 줄고 구분되기 시작할 것이다.

아래 표는 실제 교과서에 실린, 보통 한 학기 중간고사 범위의 학습

I . 경우의 수

1. 순열과 조합

   원순열, 중복순열 같은 것이 있는 순열을 이해하고, 그 순열의 수를 구할 수 있다.

   중복조합을 이해하고, 중복조합의 수를 구할 수 있다.

2. 이항정리

   이항정리를 이해하고 이를 이용하여 문제를 해결할 수 있다.

II . 확률

1. 확률의 뜻

   통계적 확률과 수학적 확률의 의미를 이해한다.

   확률의 기본 성질을 이해한다.

   확률의 덧셈정리를 이해하고, 이를 활용할 수 있다.

   여사건의 확률의 뜻을 알고, 이를 활용할 수 있다.

2. 조건부확률

   조건부확률의 의미를 이해하고, 이를 구할 수 있다.

   확률의 곱셈정리를 이해하고, 이를 활용할 수 있다.

   사건의 독립과 종속의 의미를 이해하고, 이를 설명할 수 있다.

▲ 고등학교 <확률과 통계>, 미래앤, 2019

목표를 모두 적은 것이다. 내신의 경우 한 번의 시험 범위 안에서 새로 배우는 개념을 나열해 보면 대충 열댓 개밖에 안 된다. 그게 전부다. 목차를 보면서 내가 배운 내용이 무엇이었는지 전체적으로 파악하는 시간을 꼭 가져 보길 바란다. 문제집이 몇 장이나 남았는지 좀 세지 말고!!

> 학습 목표나 목차나 거기서 거기다. 목차를 기준으로 틀을 세우고
> 학습 목표로 내용을 채우면 이번 시험 범위의 전체적인 내용이 무엇인지
> A4 용지 한 장이면 충분히 정리할 수 있다.

이렇게 정리해 보면 나중에 수능을 대비해서 넓은 범위의 시험을 준비할 때도 큰 도움이 된다. 뭐랄까, 머릿속에 수학적 지식에 대한 단단한 뼈대가 세워진다. 그러니까 수학이라는 공포에 질리고 불안감에 떨며 쫓기면서 문제를 풀지 말고, 차분하게 전체를 정리하는 시간을 꼭 가져 보자. 할 수 있다. 다 사람이 하는 일이다.

문제 푸는 양을 줄이고 되새기는 시간을 갖기

2문제 vs 40문제

한 시간 동안 2문제를 푼 성실이와 40문제를 푼 빠름이가 있다. 빠름이는 숙제를 끝냈고 칭찬도 받았다. 반면에 성실이는 어떤 칭찬도 못 받고 수학이 어렵냐며 걱정 어린 소리를 들었다.

성실이가 한 문제를 풀기 위해 쓴 30분은 낭비였을까?

"쌤! 성실이가 푼 문제가 훨씬 어려웠나요?"

그럴 수도 있고 아닐 수도 있다. 성실이가 푼 문제의 난이도가 어렵거나, 빠름이와 성실이의 문제가 똑같더라도 마찬가지다. 성실이가 딴짓을 한 게 아니라 한 문제 한 문제를 집중해서 고민했다면 그 시간은 결코 헛된 시간이 아니다. 오히려 문제 해결을 위해 오래 고민할 수 있는 뛰어난 집중력을 보여 주는 일이다. 문제는 어른들이 성실이가 고민을 했는지에는 관심이 없고 그냥 몇 문제를 풀었는지만 확인한다는 점이다.

이 이야기는 조금 조심스러운 이야기이지만 이미 앞에서도 언급했고 꼭 해 주고 싶은 말이다. 내가 수학 공부에 쓰는 시간이 너무 많고 정말 최선을 다하는데도 수학이 어렵고 너무 힘들다면 문제 푸는 양을 줄이는 게 좋다. 여기서 중요한 것은 수학 공부에 할당하는 시간을 줄여도 된다는 이야기가 아니다. 양을 줄여서 그 시간에 질을 높이는 데 투자해야 한다는 말이다.

특히 초등학교 때 무작정 문제를 많이 푸는 게 아니라, 식을 쓰라고 요구하는 문제들에서 나는 왜 이렇게 식을 세웠는지 이 숫자는 무엇을 말하는지 이런 걸 자주 생각해 보고 소리 내서 말로도 표현해 보는 것이 수학적 사고력 발달에 큰 도움이 된다.

인지심리학적으로 이야기하면 '깊이 처리'를 하게 된다. 그렇게 생각한 것들이 남아서 제대로 된 수학 공부의 자산이 된다.

PART

5.

수학 시험만 보면
배가 아파요

"쌤! 시험 전에 이걸 다 풀 수 있을까요? 너무 많아요!"
이런 하소연을 하는 친구들에게 이번 시험 범위에 들어가는 단원 이름을 물으면 모르는 경우가 생각보다 많다. 그럴 때마다 너무 안타깝고 속상하다.
문제집에 남은 페이지만 열심히 확인하는 건 숙제와 시험에 질질 끌려가면서 스트레스만 받는 건데……
주도적으로 공부하려면 "이번 시험 범위는 <연립일차방정식>과 <일차함수> 두 개밖에 없네!" 이런 상태여야 한다. "이걸 언제 다 풀어!"라는 말 말고.

샘, 이 문제 시험에 나올까요?

샘, 이렇게 쓰면 틀려요? 왜 틀려요?

시험 때가 다가오면 항상 이런 질문들을 받는다.

수학 시간에 열심히 집중하면서 뭐라도 배우려고 했다가도 시험 때가 되면 갑자기 포기하는 친구도 있고

반대로 수업 내내 딴짓하다가 시험 때만 되면 갑자기 문제집을 들고 와서 질문을 쏟아붓는 친구도 있다.

쌤! ~ 질문 질문!

시험 때만 되면 수학 선생님의 인기가 폭발한다.

쌤, 이거 나와요? 이거 공부해야 돼요?

선생님~ 저두요

냥

수학

멍!

수학 시험이라는 게 그만큼 긴장되고 걱정되는 문제인가 보다.

1. 그냥 수포할래요

제발 좌절하지 말자!

불안하니까 초조하니까 수학이 어려운 거야.

포기 금지, 할 수 있다고!

시험 때가 되면 아이들이 문제 푸는 양이 더 많아진다.

그리고 더 많이 좌절한다.

"어려워요!"

"못 풀겠어요!"

열심히 잘하다가도 많은 아이들이 발전문제 또는 응용문제에 좌절한다. 사실 꼬여 있는 문제는 많아도 정말 어렵게 응용되었다고 할 만한 문제는 많지 않다. 심지어 학년이 올라갈수록 드라마틱하게 줄어든다. '미적분을 응용해서 자전거 바퀴의 움직임을 표현했다'처럼 응용은 하나의 원리를 다른 현상에 적용시키는 거다. 그리고 진짜 응용이라고 할 만한 문제는 요즘 거의 없다. 그런 응용문제를 풀려면 또 배워야 할 게 너무 많다. 최소한 대학에 가서 물리나 화학을 배워야 그동안 배웠던 방정식이나 함수, 이런 것들을 실컷 응용할 수 있다.

"그런 문제 말고요, 쌤. 막 꼬아 놓은 문제 있잖아요."

숫자를 좀 바꾸거나 말을 좀 바꾼 걸 가지고 응용되었다고 하기는 좀 그렇다. 풀 수 있었던 문제의 구조를 제대로 복습하고 그 구조를 그대로 적용시키면 그냥저냥 풀리는 문제가 고등학교 수학에는 훨씬 많다.

그런데 어떤 학생들은 방정식에서 x가 p로 쓰여 있으면 못 푼다.

$x^2 - 4x + 3 = 0$ | $p^2 - 4p + 3 = 0$

$(x-1)(x-3) = 0$ | ?

$p^2 - 4p + 3 = 0$을 보면 갑자기 인수분해를 못 하겠다고 한다. 갑자기 방정식처럼 안 보이는 거다.

그때는 내가 $x^2 - 4x + 3 = 0$을 써 준다.

그러면 "쌤! 저 너무 무시하시는 거 아니에요?" 하면서 화를 낸다. 인수분해도 곧잘 한다.

왜 그럴까?

아마도 수학은 변하면 안 된다거나, 틀리면 안 된다거나 하는 생각을 갖고 있을 거다. p가 불편하면 x든 뭐든 스스로 보기 편한 걸로 바꾸면 된다. 그런데 뭘 바꿔도 되는지, 뭘 건드려 봐도 되는지 모르겠고, 모르니까 무섭고 불안하다. 그러니까 볼 수 있는 것도 못 본다. 그렇게 모르겠다고 생각하는 순간 길을 잃어버린다. 혼자서는 할 수 없다고 믿는다. 그런데 할 수 있다. 못 하겠다고 포기한 대부분의 문제가 딱 저 정도로 다르다.

시험 때가 되면 불안하니까, 초조하니까, 시간이 없으니까 "못 하겠다."는 말이 더 많이 나온다. 이해는 된다. 마음도 아프고. 하지만 결국, 초조하고 불안한 마음을 달랜 후 수학을 바라봐야 할 수 있다. 제발 몇 문제 더 풀어야 되는데 못 했어! 몇 장이나 남았어! 하고 좌절하지 말고 한 문제, 한 문제 제대로 풀고 개념 좀 복습하자. 오히려 수학 자체에 집중하면 불안한 마음이 쫓아올 틈도 덜 생긴다.

진짜 안 되는 게 수학인지 '나의 불안'인지 한 번만 되돌아보자.
불안보다 수학이 쉽다.

연습과 실전

　내가 내 능력을 키우기 위해서 꾸준히 하는 공부와 시험을 잘 보려고 하는 시험공부는 많이 다르다.

　야구의 오른손잡이 투수가 훈련할 때 공만 던지지는 않을 거다. 몸 전체의 능력을 향상시키기 위해 체력을 키우는 훈련, 등 근육을 키우는 웨이트 트레이닝 등 다양한 훈련을 병행하면서 몸을 미리 착실히 만들 거다. 체력 훈련과 실전 연습은 이처럼 다르다. 공부도 비슷하다. 공부 체력을 키우기 위해서 하는 공부가 있고, 시험을 잘 보기 위해서

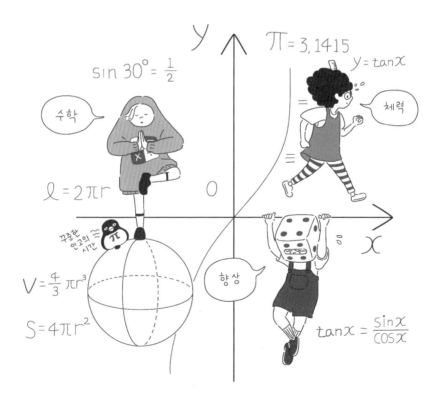

하는 시험공부도 있다.

수학을 평상시에 좀 더 편하게 생각하는 것만으로도 수학 실력은 늘 수 있다. 그런데 시험을 잘 보는 건 좀 다른 문제다. 시험 전에는 오히려 틀려도 된다고 생각해서인지 자신 있게 하다가도 시험 때만 되면 자신감을 잃고 점점 굳어 버린다. 반대로 시험 한참 전부터 시험이 너무 불안해서 모든 공부를 시험 대비처럼 하려는 학생들도 있다. 투수가 연습 때 체력 훈련을 하나도 안 하고 매일 실전처럼 최고 속력으로 공을 던지면 어깨만 빨리 망가진다. 힘을 아껴 비축하고, 그랬다가 폭발시키는 이 모든 과정을 다 할 줄 알아야 한다. 공부도 그렇다.

> 시험공부와 평상시에 해 둬야 하는 공부는 다르다. 시험 전에 한 문제 한 문제 시간을 충분히 들였다면, 시험 때는 정해진 시간에 맞춰서 빠르고 정확하게 푸는 연습을 해야 한다.

시험 대비 공부 팁

★ **시험 범위 전체 내용을 빠르게 훑는다.**
요즘 문제집은 유형별로 정리가 잘 되어 있으니까 시간이 부족하다면 유형별로 첫 번째 문제만 다 풀어서 전체 내용을 한 번 다 훑는다. 그럴 시간도 부족하다면 교과서만이라도 풀자.

★ **자주 틀린 문제만 다시 풀어 본다.**
미리 표시해 두었던 많이 고민한 문제, 자주 틀린 문제 위주로 전체 범위를 빠르게 보면 좋다.

시험 전에 수학 체력을 키우는 공부는 한 문제를 다른 방법으로도 풀어 보고, 더 깔끔하게 푸는 방법도 고민해 보고 충분히 숙성시키면서 하는 거다. 그런데 시험 때 평상시처럼 한 문제 한 문제 시간을 들이고 고민하면 그건 그것대로 시간 낭비다. 시험 범위의 모든 내용을 머릿속에 쑤셔 넣고 빠르게 푸는 연습만 하면 된다.

이렇게 두 번 정도 시험 범위 전체를 복습하면 큰 그림이 그려지면서 "아예 모르겠어." 하는 막막함이 사라진다. 여전히 모르는 문제는 나올 수 있지만 그 모르는 문제 하나가 수학 전체를 잡아먹진 못한다.

"악! 시험 범위 다 풀려면 아직 100문제나 더 풀어야 해!!!"

이러는 것보다

"이번 시험은 〈연립일차방정식〉이랑 〈일차함수〉네."

이 상태가 낫다.

시험 범위에 무슨 내용들이 있는지만 알아도 시험에 압도되거나 끌려다니는 기분이 줄어든다. 그러니까 문제 하나하나에 압도당하지 말고 큰 그림을 보자.

2. 시험에 나오는 걸 공부하자

학습 목표를 보면 뭘 공부하라는지가 나오고

그래서 시험에 뭐가 나올지 알 수 있어~.

채점 기준 = 학습 목표

시험에 뭐가 나오는지 미리 알면 시험을 더 잘 보겠지?

당연하다고?

그런데 그 당연한 걸 왜 안 하는 걸까?

무슨 소리냐고?

시험 문제는 미리 알 수 없지만 무슨 개념이 나올지는 알 수 있어.

어디서? 어떻게 아냐고?

학습 목표는 모든 교과서에 매 단원마다 친절하게 쓰여 있잖아.

시험 범위에 들어가는 모든 개념을 순서대로 쭉 다 써 볼 수 있을까? 책 안 보고 외워서? 그게 개념 정의인지, 법칙인지 구분하고 있을까? 그래서 정말 학습 목표를 알고 있을까?

학습 목표를 보면 뭘 공부하라는지가 나오고 그래서 시험에 뭐가 나올지 알 수 있다.

국가에서 정했어

☑ 시험 문제를 내는 기준

선생님들이 시험 문제를 내기 전에 가장 먼저 해야 할 일이 뭔지 아니? 책상 정리? 화장실 다녀오기? 학생들이 주변에 있는지 확인?

다 맞는데 국가에서 정해 놓은 꼭 해야 할 일, 성취기준을 찾아 두는 일이 우선이다.

(나) 나머지 정리

교육과정 성취기준		평가기준
[10수학01-02] 항등식의 성질을 이해한다.	상	항등식의 성질을 이용하여 미정계수를 구할 수 있고 그 과정을 설명할 수 있다.
	중	항등식의 뜻을 말할 수 있고, 수를 대입하여 미정계수를 구할 수 있다.
	하	주어진 등식이 항등식인지 판별할 수 있다.
[10수학01-03] 나머지 정리의 의미를 이해하고, 이를 활용하여 문제를 해결할 수 있다.	상	항등식의 성질을 이용하여 나머지 정리를 이끌어 내고, 나머지 정리와 인수 정리를 활용하여 문제를 해결할 수 있다.
	중	나머지 정리를 이용하여 다항식을 이차식으로 나누었을 때의 나머지를 구할 수 있다.
	하	나머지 정리를 이용하여 다항식을 일차식으로 나누었을 때의 나머지를 구할 수 있다.

표의 가장 왼쪽 칸에 있는 [10수학01-02]를 성취기준 코드라고 부르는데 이걸 반드시 확인한다. 교사뿐 아니라 인터넷만 되면 아무나 한국교육과정평가원 웹사이트를 통해 내려받을 수 있다. 그렇다. 수능을 출제하는 기관인 한국교육과정평가원, 줄여서 평가원이라고 부르는 곳에서 만들고 관리하는 문서다.

시험 문제는 저 코드에 맞춰서 낸다. 국가에서 그렇게 정했다. 공교육 하는 학교에서 시험 문제를 저 코드에 맞춰서 내지 않으면 징계를 받는다. 허풍 떠는 게 아니라 정말로 그렇다.

시험 문제를 내면 그냥 문제랑 답만 있으면 되는 줄 알겠지만 시험 문제지와 별도로 문항정보표라는 걸 함께 작성해야 한다.

그게 뭐냐고? 문제에 대한 정보를 담은 표인데, 써넣어야 할 정보가 너무 많아서 표로 정리해서 따로 붙여야 한다. 여기에 이 문제를 왜, 어떤 목적으로 냈는가에 대한 정보도 함께 작성한다. 이때 반드시 적어서 제출해야 되는 것이 성취기준 코드이다. 다시 말하면, 성취기준 코드에 맞게 분류가 안 되는 문제는 낼 수 없다.

거기서 끝나는 게 아니다. 서술형을 채점할 때도 성취기준 코드에 맞는 내용으로 풀이가 되어 있지 않으면 점수를 주기가 힘들다. 또, 시험 범위에 들어가는 모든 성취기준 코드를 쓰는 게 원칙이라서 코드를 빼먹거나 하나의 코드에 쏠리게 시험 문제를 낼 수도 없다. 그러니까 시험 범위에 들어가는 모든 단원을 골고루 적당히 내야 한다.

많은 학생들이 수학 시험 준비를 모래성 쌓듯이 한다. 문제 하나하나를 생각 없이 풀기만 하는 건 모래를 열심히 모아서 다지는 것과 같다. 문제를 수십, 수백 개씩 풀어도 한 덩어리가 되어 멋진 집이 되기는커녕 파도 한 번에 와르르 무너질 뿐이다. 중심을 잡고 이어 주는 뼈대도 연결고리도 없으니까.

시험 범위에 나오는 중심 내용이 무엇인지, 핵심적인 공식이 뭐가 있었는지 전체적인 골격이 있어야 시험공부가 쉬워진다. 이때 핵심적인 뼈대 역할을 하는 게 성취기준이다. 다른 말로 하면 학습 목표다!

이번 시험 범위가 〈항등식〉과 〈나머지 정리〉라면 항등식에서 중요 유형은 뭐고, 나머지 정리에서 중요 유형은 뭔지 꼭 확인해 보자!

☑ 목차를 보자

시험 전에 학교에서 공지하는 '교과서 □쪽부터 ◇쪽까지'는 알려주기 위한 시험 범위일 뿐이다. 공부하는 사람은 시험 범위를 그렇게 알면 안 된다. '무슨 내용이지?'를 알아야 한다.

성취기준 코드 같은 거 찾아서 확인하기 귀찮다고?

OK. 괜찮다. 학습목표를 보면 되니까.

학습목표 역시 성취기준을 바탕으로 작성하기 때문에 성취기준 코드와 거의 일치한다.

다른 방법도 있다. 공부에 뼈대를 세우려면 평상시에 목차를 봐야 한다. 그런데 목차를 보면서 뼈대 세우는 작업은 시험공부를 시작하기 전에 말로 꼭 해 주면 좋다.

대단원과 중단원 이름이 뭐고, 그 단원에서 무엇을 배웠는지 큰 그림을 그려 보는 것이다. 그래서 이번 시험 범위에 포함된 개념들이 무엇이 있는지만 확실하게 알고 시험을 준비하면 시험을 바라보는 관점이 달라진다. A4 용지 한 장에 시험 범위에 포함되는 단원명과 그 옆에 배운 개념들을 쭉 써 보면 아마 반 장 정도 분량밖에 안 나올 거다.

일단 나올 개념을 모두 알고 있다는 생각이 들면 어려운 심화발전 문제 한두 개는 놓치더라도 이 시험에서 내가 통제력을 완전히 잃어버리고 수학 시험에 압도당하는 일은 생기지 않을 것이다. 하나하나 개별적인 문제는 끝이 없다. 아니 몇천 년간 수학만 해 댄 천재들의 유산이 켜켜이 쌓여 있는데 그걸 다 해내겠다고?

그냥 그건 안 되는 거다. 문제들을 무슨 모래알 무더기처럼 쌓지 말

자. 뼈대를 만들고 분류하자. 그러면 문제가 와르르 산사태처럼 덮쳐 올 것 같은 두려움과 불안은 사라진다.

여러분도 당당하게 스스로 수학 시험을 감당할 수 있다.

객관식 vs 서술형

☑ 쌤! 점수를 왜 이렇게 잘 주셨어요?

시험이라는 게 그렇다. 40~60점대, 70점대, 80점대, 90점 이상 이렇게 점수로 사람을 분류하게 된다.

그런데 사실 한 명 한 명의 학생을 보면 틀리는 문제의 내용도 성격도 다르다. 특히 객관식에서 답을 기가 막히게 잘 찾아내는데 과정은 하나도 못 써서 서술형은 아예 포기하는 학생도 있고, 계산 실수 때문에 객관심 점수는 깎이는데 풀이는 정확해서 서술형을 잘 보는 학생도 있다.

객관식과 서술형이 섞여 있는 시험에서 모든 문제를 완벽하게 잘 풀고 잘 쓴 학생은 드물다. 객관식을 다 맞았으면 수학을 그만큼 잘하는 거니까 서술형도 잘 쓸 것 같은데 꼭 그렇지는 않다.

반대로 서술형에서 점수를 더 많이 벌어 가는 학생도 있다. 이런 경우에는 본인 서술형 점수를 보고 본인도 매우 만족하고 행복해한다. 아마도 공부는 열심히 하는데, 계산 실수가 잦아서 자꾸 틀리는 학생일 수 있다. 그런데 식이랑 논리는 맞아서 서술형에서는 부분 점수를 잘 받는 그런 경우다.

이런 경우에 슬쩍 와서

"선생님, 저 왜 이렇게 점수를 후하게 주셨어요?"

"와! 이것도 점수를 주셨네요! 선생님, 저 너무 행복해요!!"

이러고 가기도 한다.

'수에 대한 감이 좋은 것'과 '논리를 잘하는 것'은 다른 재능이다.

학년이 올라가서야 수학을 더 잘하는 학생이 있는 이유 중에 하나다.

내 편견일지는 모르겠지만, 초등학교나 중학교 수업에서는 "답이 틀렸잖아. 다시 풀어."라는 말이 흔하게 나오고, 고등학교 수업에서는 "자, 식은 세워 줬으니까 계산은 너희가 마무리해." 이런 말이 좀 더 흔하다.

계속 강조했지만, 학년이 올라갈수록 계산이 수학에서 차지하는 비중이 줄어들고 '어떻게 논리를 전개하는가'가 중요한 문제가 된다.

바로 이게 서술형의 포인트다. 서술형에서 계산의 정확도를 채점 안 할 수는 없지만, 그보다는 논리 전개 자체를 보는 것이 채점의 큰 기준이 된다. 논리의 비약, 그러니까 충분한 근거 없이 답이 튀어나오면 그걸 우리는 흔히 '찍었다'라고 하고, 그런 경우에는 서술형에 점수를 주기가 힘들다.

☑ 선생님이 답지에서 궁금한 건 따로 있다

그럼 대체 어떻게 서술형 답안을 작성해야 하는 걸까?

선생님들이 서술형 답지에서 보고 싶은 건 명확하다. 인수분해 문제면 인수분해한 걸 보고 싶고, 곱셈 공식을 물어봤으면 전개한 걸 보고 싶다.

당연한 이야기라고?

그런데 이 당연한 이야기를 지키고 있을까?

시험에서 더 좋은 답안을 써내려면 첫 번째로 '지식'이 있어야 한다. 무슨 지식이냐면 '이번 시험 범위에서 배운 수학적 지식'이다. 작년에 배운 것도, 내년에 배울 것도 아닌 바로 이번 시험 범위의 내용! 이게 서술형의 채점 기준이다.

미분을 배웠으면 미분을 잘하고 있다는 것을 보여 줘야 하고, 등식의 성질을 배웠으면 등식의 성질을 잘 써먹고 있다는 것을 보여 줘야 한다. 가끔 학년마다 채점 기준이 다른 것 같다고 투덜거리는 학생이 있는데 그게 맞고 매우 당연한 일이다. 새로운 학년에서는 새로운 내용을 배웠겠지! 그리고 가르친 내용을 기준으로 채점하는 것뿐이다!

한 문제만 예로 살펴보자.

$6(2x+1)^2$은 답이 될 수 있을까?

중학생이나 고등학교 1학년 학생이라면 전개해서

$24x^2 + 24x + 6$이 답이어야 할 것 같겠지?

수학Ⅱ에서 미적분을 배운 학생이라면 저 식이 $(2x+1)^3$을 미분한 것인 걸 알아볼 수 있을까? 음! 알아봤다면 매우 훌륭하다.

$$\frac{\mathrm{d}}{\mathrm{d}x}(2x+1)^3 = 3 \times (2x+1)^2 \times 2 = 6(2x+1)^2$$

$(2x+1)^3$을 곱미분해서 상수인 2와 3까지만 계산해서 정리해 두면 충분히 괜찮은 답이다.

왜냐하면 이때 확인하고 채점하려는 건 '곱미분을 알고 있는가?'이지 '다항식의 곱셈'이 아니기 때문이다. 그래서 $24x^2 + 24x + 6$처럼 전개하는 건 크게 중요하지 않다. 한마디로 이건 미적분에서 채점 기준에 들어가기 어렵다.

채점 기준이나 출제자의 의도는 어떻게 아냐고?

앞에서도 말했지만 중요하니까 한 번 더 얘기하면, 학습목표를 보자!

3. 수학에도 좋은 답이 있다

수학에서는 정답만 맞히면 되는 거 아니야?

천만에! 정답에도 좋고 아름다운 표현을 가르는 기준이 무척 깐깐해.

무한한 정답

"선생님, 답안지 쓸 때 꼭 약분해야 하나요?"

시험이 다가오면 하나둘씩 시험에 관한 질문이 튀어나오는데, 그래도 공부 좀 하는 학생들에게서는 종종 저런 질문이 튀어나온다. 좀더 구체적으로 분모를 유리화한 것과 안 하는 것까지 꼼꼼하게 챙겨서 물어보는 학생들도 있다. 잘 아는 것과 그것을 잘 표현하는 것이 다르다는 것을 아주 잘 알고 있는 훌륭한 학생이다.

"아! 쌔애앰! 왜 약분 안 하면 틀려요?"

그래서 $\frac{3}{6}$ 은 왜 틀릴까?

저런 형태로 답을 썼는데 그걸 다 인정해 주는 수학 교사는 드물 거다. 왜 그럴까?

$$\frac{1}{2} = \frac{2}{4} = \frac{3}{6} \cdots = \frac{101}{202} \cdots = \frac{179}{358} \cdots = \frac{\sqrt{2}}{2\sqrt{2}}$$

$\frac{3}{6}$ 이 틀린 건 억울하겠지만 보통 $\frac{179}{358}$ 같은 형태로 쓰고 틀리는 건 또 대부분 납득할 수 있을 것이다. 하지만 $\frac{3}{6}$ 을 인정하는 순간 $\frac{179}{358}$ 를 틀렸다고 하기도 어려워진다. 이처럼 $\frac{3}{6}$ 을 답으로 인정하면 답이 될 수 있는 수의 표현이 무한히 많아진다. 정답이 무한개인 것이다. 악질적으로 알아보기 어렵게 일부러 무리수와 큰 값의 소수를 활용하면 더 이상하고 요상한 형태로도 바꿀 수 있다. 그러므로 실수가 됐든 의도적이었든 간에 $\frac{3}{6}$ 같이 약분이 덜 된 분수 형태는 당연히 수학적인 최종 표현으로 좋지 않다. 오직 한 가지 형태만 가능한 기약분수의 형태 $\frac{1}{2}$

이 최종적인 답안의 형태로 좋은 표현이라고 할 수 있다.

예쁜 답안

☑ 예쁜 형태

예쁜 답안이 뭐냐고?

글씨가 예쁜 거?

그건 아니다.

어떤 형태로 답을 보여 줄 것인가?

이 질문은 꽤 중요한 문제이고 '약분을 하냐 마냐'에서만 생기는 문제는 아니다.

$\frac{1}{\sqrt{2}-1}$ 같은 형태로 제출된 답안을 좋아하는 수학 교사는 아무도 없다. $\frac{3}{6}$ 은 "애고, 이거 놓쳤구나." 하면서 약간 안타깝고 갱생의 여지가 있는 것으로 보이는데 $\frac{1}{\sqrt{2}-1}$ 은 "이 녀석, 생각을 안 하는군!" 하면서 뭔가 공부를 덜한 것 같고, 노력을 덜한 것 같고, 조금 괘씸하고 그렇다.

$$\frac{1}{\sqrt{2}-1} = \frac{1 \times (\sqrt{2}+1)}{(\sqrt{2}-1) \times (\sqrt{2}+1)} = \frac{\sqrt{2}+1}{(\sqrt{2})^2-1^2} = \frac{\sqrt{2}+1}{2-1} = \sqrt{2}+1$$

$\frac{1}{\sqrt{2}-1}$ 에서 분모를 유리화하면 분모는 1이 되면서 생략 가능해지고, 분자에 $\sqrt{2}+1$만 예쁘게 남는다.

수학에서 더 예쁘다는 게 뭔지 납득이 안 된다면 그냥 외워라. 분모가 없는 게 더 예쁘다.

이렇듯 수학에서도 좋고 나쁜 걸 따진다. 가능하면 분수가 아닌 형태가 좋고, 분모가 존재하더라도 분모에는 무리수나 허수를 쓰지 않는 것이 좋다. 보는 사람이 수의 성격을 이해하고 알아보기 좋기 때문이다.

☑ 수학에도 좋은 표현이 있다

수학에서 '좋은 표현' 같은 걸 따진다고 하면 이상하고 어색하다고 느끼는 사람이 많다. 그런데 수학이야말로 '표현'을 엄청 깐깐하게 따지는 동네다!

수학은 가치 중립적인 거여서 좋고 나쁨의 가치 판단을 하는 게 이상하다고 느끼는 사람도 많을 거다. 그러나 수학도 사람이 하는 것이라서 '좋고, 나쁘고, 아름다고, 아름답지 않다'는 기준이 있다.

그래서 수학에도 '맞고 틀린 것' 외에 '좋고 나쁨'에 대한 기준이 있다. 글에서 좋은 문장과 좋은 표현을 찾듯이 수학에서도 좋은 표현을 따진다.

정합성, 즉 옳고 그름만이 수학적 판단 기준의 전부는 아니다. 하지만 역시 수학답게 그 좋고 나쁨의 기준이 어느 정도 합의가 되어 있다. 정합, 즉 맞는 표현이어야 하고, 또한 가장 단순하고 깔끔한 형태여야 한다. 다항식이라면 가장 최소의 항으로 구성된 것이 예쁜 것이고, 유리식의 분수 형태라면 분모의 항이 가장 작은 것이 예쁜 형태이다.

$\frac{1}{\sqrt{2}-1}$ 은 분모가 무겁고 분자로 보낼 수 있는 무리수가 남아 있으므로 나쁜 형태, 그러니까 계산이 덜 완료된 꼴이다.

수학에서 좋고 나쁨을 따지는 이유는 수학이 혼자서 하는 것이 아니기 때문이다. 수학이 혼자서 문제와 다투며 끙끙거리는 싸움으로만 이뤄졌다면 수학은 시험 외에는 쓸모가 없는 학문이 맞다. 하지만 수학은 그것보다 크고 유용하다. 심지어 기계, 컴퓨터와도 프로그래밍 언어라는 수학적인 방식으로 소통할 수 있다니까? 교육과정 문서나 교육목표에서 '수학적 의사소통'이 강조되고, '스토리텔링 수학' 같은 게 뜨는 데는 이유가 있다. 그래서 수의 형태를 다른 사람이 보기에 가장 좋은 형태로 쓰는 것이 수학을 하는 올바른 방법이다.

그러므로 $\frac{3}{6}$ 이나 $\frac{1}{\sqrt{2}-1}$ 같은 형태는 나쁘다. 계산하다가 내 답을 읽을 사람은 생각도 안 하고 '이쯤이면 됐어.' 하면서 대충 적어 내는 건 예의가 아니다. 무례한 행동이다.

그럼에도 불구하고 '아름답다와 좋다'를 판단할 때 주관을 완전히 배제할 수 없기 때문에 수학 선생님들 사이에서도 의견이 분분한 표현도 있다.

$\frac{1}{\sqrt{2}}$ 과 $\frac{\sqrt{2}}{2}$ 중에서 문제가 되는 쪽은 어느 것일까?

$\frac{1}{\sqrt{2}}$ 을 답으로 처리하면 안 된다고 생각하는 선생님들도 계신다. 왜냐하면 원칙적으로 분모에 루트를 남겨 두면 안 되기 때문이다. 하지만 분자에 1이 깔끔하게 떨어지고 $\sqrt{2}$ 자체는 더 간단하게 표현할 방법이 없는 수로 오히려 $\frac{1}{\sqrt{2}}$ 이 기약분수 꼴에 가깝다고 생각해서 괜찮다고 생각하는 선생님도 있다. 결국에는 무엇이 더 예뻐 보이느냐 하는 문제로 싸우는 게 맞고 그래서 서로 간에 '그렇게 생각할 수도 있지.' 하고 넘어가는 문제이기는 하다.

가끔은 수학 선생님들끼리 서술형에서 답안을 인정하느냐 마느냐로 열띤 토론을 하다못해 심하게 다투기도 한다. 수학이 합리적이고 객관적인 논리의 서술이라면 절대적으로 맞는 논리가 있을 테니 이성적이고 평화적으로 합의가 가능할 것 같지만 현실은 꼭 그렇지도 않다. 때로는 수학에서도 타인의 논리를 받아들이기 힘들다.

오히려 수학이기 때문에 '내가 납득할 수 없는 논리는 논리가 아니다.'라고 생각하는 사람이 많아서 더 싸우기 쉽다. 처음부터 다름을 거부하는 학문이 수학이기 때문이다. 그래서 더더욱 정석적이고 논리적인 서술을 연습하는 것이 수학 공부를 제대로 하는 길이고 고득점으로 가는 길이다.

노력하는 만큼 성적을 올리기 쉬운 과목이 수학이라는 사람들도 있다.

저런 말을 듣다 보면 이런 생각이 든다.

열심히 문제 풀고 공부하면 된다는데 왜 나는 안 될까?

무작정 열심히 하라고 등 떠미는 걸로는 수학에 대한 불안과 공포가 심해지기만 할 뿐이라고 생각한다. 이 책을 읽는 여러분은 스스로 막다른 길에 자신을 몰아넣고 상처 주지 않았으면 좋겠다.

수학은 원래 만만하고 쉬운 과목이 아니니까 수학이 어려운 건 여러분의 잘못이 아니다. 수학은 추상적이라 어렵고, 내용도 많고, 그래서 생각도 많이 해야 한다. 하지만 그런 만큼 또 많은 곳에 적용할 수 있는 일반성이 있어서 엄청 훌륭하고 대단하다. 또 학교 정규 과목 중에서 논리적인 사고력를 제대로 키워 주는 데는 수학만 한 과목이 없다.

수학은 시대를 막론하고 옳은 내용으로 이루어져서 영영 안 변할 것 같지만 수학도 변한다. 아니, 이걸 떠나서 학교 수학은 학년이 올라가면 당연히 새로운 걸 요구한다. 그리고 수학의 영역도 넓다. 수와 연산에 관한 대수학이나 기하학 말고도 이산수학도 있고, 통계도 있고, 수리논리학도 있다. 전혀 다른 접근 방식과 체계를 가진 영역들이 수학이라는 한 분야에 공존한다. 내가 수학의 한 가지 분야가 약하다고 수학 전체를 못할 것처럼 좌절하지 말자. 지금 안 되어도 나중에 할 수도 있고, 이 단원 말고 다른 단원은 훨씬 나을 수도 있다.

너무 완벽하게 하려고 하지 말고, 조금씩 수학을 수학답게 해 보자. 학습목표도 좀 보고, 직선 하나를 보더라도 학년이 변해 갈수록 직선에서 뭘 다르게 다루는지도 살펴보자. 그런 작은 관심으로도 수학이 훨씬 편해진다. 눈으로 봐서 이해가 안 되면 소리 내서 읽어 보고, 손으로 써 보기도 하고 그러면 또 달라진다.

나는 여러분이 수학 불안을 극복할 수 있다고 항상 믿고 있다.

수학은 여러분을 위한 것이지, 여러분을 잡아먹을 괴물이 아니니까.